量子力学解释超感官！
科学论证心灵感应、心灵致动、遥视！

我们都渴望自己能拥有像心灵感应、心灵致动和遥视这样的超精神能力。今天，有证据支持这些能力确定存在吗？或者，它们只是人类的幻觉？

今天，我们仍然只能理解人类大脑的一小部分功能——所以，我们不应摒弃这些潜在能力存在的可能。即便很多人宣称这些所谓的超能力是骗局，即便迄今为止尚无人能在精确实验室条件下展现超感官知觉能力从而赢得詹姆斯·兰迪（James Randi）设置的百万美元大奖，但仍有一位诺贝尔奖得主为心灵感应提出了一种机制。同时，很多严谨的科学家正从事该领域的研究，还有很多高校项目获得了可能具有爆炸性的结果。

最终结论是？本书通过为超感官知觉寻找可能的物理学机制以及审阅最佳的科研证据，让读者自己去发现和体悟这一切到底是一厢情愿、骗局，还是令人着迷的现实。

曾经的科学研究确有疏漏，但我们不能因这个原因对其完全否定。事实上，作为物理学家，作者本人也曾经历过心灵感应，今天的人们对自己身上发生的很多事情也不能完全解释。

实际上，揭开超能力的真相，不能依靠传统的控制糟糕的实验以及统计学上的期望偏差，结合量子力学、量子纠缠、超弦论、薛定谔的猫、第五种力，作严格的科学实验方为正途。

科学可以这样看丛书

EXTRA SENSORY
超感官

科学揭示心灵感应、超能力

〔英〕布莱恩·克莱格(Brian Clegg) 著
向梦龙 唐禾 译

弦理论与超感官
量子纠缠解释心灵感应
热力学定律论证心灵致动

重庆出版集团 重庆出版社

EXTRA SENSORY：The Science and Pseudoscience of Telepathy and Other Powers of the Mind
By Brian Clegg
Text Copyright © 2013 by Brian Clegg
Published by arrangement with St.Martin's Press
Simplified Chinese edition copyright: 2021 Chongqing Publishing & Media Co., Ltd.
All rights reserved.

版贸核渝字（2017）第215号

图书在版编目（CIP）数据

超感官／（英）布莱恩·克莱格著；向梦龙，唐禾译.—重庆：重庆出版社，2021.5
（科学可以这样看丛书／冯建华主编）
书名原文：EXTRA SENSORY
ISBN 978-7-229-15752-4

Ⅰ.①超… Ⅱ.①布… ②向… ③唐… Ⅲ.①能力—研究 Ⅳ.①B848.2

中国版本图书馆CIP数据核字（2021）第032732号

超感官

EXTRA SENSORY
〔英〕布莱恩·克莱格（Brian Clegg） 著
向梦龙 唐禾 译

责任编辑：连　果
审　　校：冯建华
责任校对：刘　刚
封面设计：博引传媒·何华成

重庆出版集团 出版
重庆出版社

重庆市南岸区南滨路162号1幢 邮政编码：400061 http://www.cqph.com
重庆出版社艺术设计有限公司制版
重庆长虹印务有限公司印刷
重庆出版集团图书发行有限公司发行
E-MAIL:fxchu@cqph.com 邮购电话：023-61520646
全国新华书店经销

开本：710mm×1000mm　1/16　印张：12.25　字数：160千
2021年5月第1版　2021年5月第1次印刷
ISBN 978-7-229-15752-4
定价：45.00元

如有印装质量问题，请向本集团图书发行有限公司调换：023-61520678

版权所有　侵权必究

Advance Praise for *EXTRA SENSORY*
《超感官》一书的发行评语

克莱格成功说服了读者相信ESP（超感官）可能存在，同时又敏锐地检视了现有的证据。

——《科克斯书评》（*Kirkus Reviews*）

从亚里士多德学派的科学到黑洞和弦理论，克莱格晓畅的文笔贯通万物。本书解释了超能力的复杂性和令人惊奇之处，它让科学家们惊叹不已。

——《出版人周刊》（*Publishers Weekly*）

谨以此书献给
吉里安、切尔西和蕾贝卡

致谢

衷心感谢圣马丁出版社(St. Martin's Press)为本书付出诸多努力的人,尤其感谢我的编辑迈克尔·霍姆勒(Michael Homler)。真诚感谢为本书提供资料的众多研究者,他们不惜冒着牺牲名誉的风险研究了很多科学家认为不可触碰的主题。

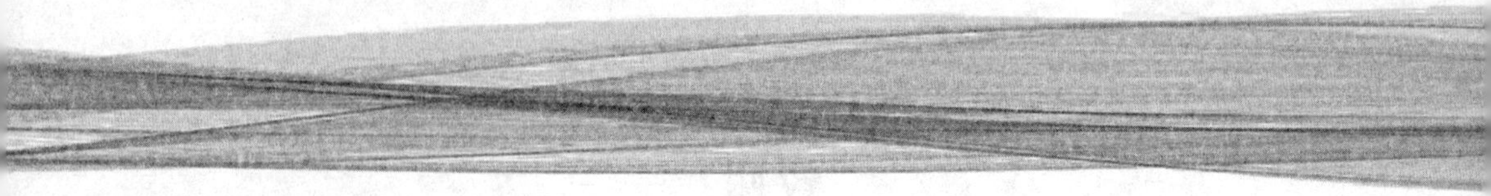

目录

1 □ 致谢

1 □ 1 感受超能力——超级英雄和物理学
7 □ 2 超心理学——分辨真假
18 □ 3 你能听到我吗
50 □ 4 它动了
57 □ 5 预知未来
69 □ 6 千里眼
90 □ 7 莱因实验室
122 □ 8 进入军队
129 □ 9 PEAR项目
136 □ 10 弯曲勺子
163 □ 11 超感官能力真的存在吗

1 感受超能力——超级英雄和物理学

承认吧！你一定曾在人生的某个时刻希望自己拥有超能力。成为特殊的人，拥有不寻常能力，远超人类的普通能力——非常有吸引力。孩提时的我常常扮演超人，将手臂伸向身前，四处奔跑，假装自己可以飞翔。

即使成年后，拥有超自然能力的想法也依然令人兴致勃勃。你可以将这种快乐隐藏在成熟的面孔之后，除非你完全没有想象力。事实上，多数人总会偶尔因为想到自己拥有某种天赋而心里掠过一阵激动，高票房的《超级英雄》电影也说明了这点。显然，大众对通过间接感受超能力而产生快乐的方式感到满意。

不幸的是，如果我们重新审视《超级英雄》，在科学的显微镜下检视超级英雄，那么，大部分超能力将如废弃的蜘蛛网那样随风飘逝。这些超能力大多非真，因为它们多数违背了物理定律。举个简单的例子，在电影《蜘蛛侠2》中，蜘蛛侠仅靠站在一辆飞驰的火车前撒开蛛网就停住了火车——他将蛛网附着在铁轨沿线的大楼上，将火车拉停。彼得·帕克（Peter Park）发射蜘蛛网的地方是蜘蛛的性器官而非吐丝器，且不谈生理不适，这种阻止飞驰火车的方式本身就不科学。

在这个过程中，蜘蛛网被拉长了大概半英里，而蛛丝却丝毫未变细。科学上，没有材料可以被拉长至如此多倍，且蛛丝也不可能不变细。否则，额外的物质从何而来？更令人担心的是，蛛网在彼得·帕克手腕上的附着点会断裂，大楼上的墙皮会剥离。如若不然，帕克本人必定会被几百吨重的飞驰火车的动量产生的巨力撕成两半。你可以假想蛛

EXTRA SENSORY

网能通过某种机制发挥作用，比如拉长又断裂，反复连接火车和大楼，逐渐减慢火车的速度，但电影里的场景在物理学上找不到支撑。

类似地，超人的能力也是集不可能的事情为一体。他飞向空中，必须存在某种推力，要么是推挤他周围的空气，要么是利用某种超距作用推挤他身下的地球。这是由基本的牛顿力学第三定律决定的。那么，是什么东西推动了超人？这个力从何而来？人们说，他的力量来自我们的黄色太阳，因为他的母星有一个红色太阳。具体怎么做到的？这种能力背后的物理力是什么？这甚至不能用科幻来形容，完全是幻想，又或者是魔法，如果你更喜欢这样的表达方式。

这样过度分析我们的超级英雄似乎有点残忍。注意"科幻"中的"幻"字，代表故事。事实上，科幻小说里的科学性必须让位于故事性。多数情况下，过于担心科学的合理性完全是小题大做。这样的不公平检视超级英雄的要点在于，我们对超级英雄的限制来自物理学。电影导演想希望制造某些戏剧化的情节，他们从不担心物理学上的可行度，他们只关心视觉效果。今天，我们还未奢侈到能寻找真实的超能力的地步。

但是，寻找超级英雄超能力的问题打开了超自然心灵能力的可能性。这里，有没有空子可钻，可能造就某种形式的超能力？人类的心灵远比牛顿物理学的直白定律更神秘。认真思考，你会对以下事件感到惊讶——人类对银河系的运行方式比对自己大脑功能的了解还详细。我们每年都在进步，但神经科学要赶上其他科学还有很长的路要走。

利用心灵的力量获得超越普通人的能力，很难不令人好奇。不过，在穿上斗篷和紧身衣之前，我们还要问一些问题。这种超自然心灵能力存在吗？对于心灵感应和隔空传物这样的能力，有合适的物理学解释吗？有关这些能力的诸多报道是否像经典的超级英雄能力一样完全源自幻想？

我们将在本书中看到，我们可以，至少可以为一些超感官知觉（extra sensory perception，ESP）能力找到科学解释。这种心灵能力在物理学的边界发挥作用，值得研究——有没有真实的证据支持这种能力存在？或者它们只是幻想？

我们不应全然摒弃这种能力的存在，科学必然是开明的（本例中尤其如此）。不加研究就摒弃一种现象不是科学的做法。不可否认，在过去的80年，人们在这个领域付出了诸多努力，我们未能找出可重复、无争议的可靠证据去证明超感官能力的存在，但这不应成为放弃它的借口。

科学家总有这样一种主观心态，他们会认为目前公认的世界观之外的任何东西都不科学。这是一个可悲的错误，因为这种心态是对科学真正本质的深层次误解。正如斯图尔特·法尔斯坦（Stuart Firestein）教授在他的著作《无知》（*Ignorance*）里指出的，"专业的科学家不会陷入事实的沼泽，他们并非认为事实不重要或者可以忽视，他们只是不将事实看作终点。他们不会在事实面前停下，相反，他们选择从事实开始，超越事实，探索未知"。

法尔斯坦这段话的意思并非说我们应该忽视事实，想到什么就说什么，而是强调科学的首要是探索未知。他打了一个比方：在一个漆黑的房间里寻找一只黑猫，猫或许根本不在这个房间。尽管科学家比普罗大众更能意识到科学的这一特性，但他们仍然较多地倾向于对不同的可能性选择排斥。或出于主观感觉，或出于它违背了个人信念，他们更愿附和当前的主流观点，即使这可能意味着与科学革命擦肩而过。

已逝的伟大天文物理学家弗雷德·霍伊尔（Fred Hoyle）曾就宇宙大爆炸理论的一个替代理论写过一篇文章。他用了一张图片，上面有一群全朝一个方向狂奔的鹅，用以比喻科学家成群结队的趋势。图上的文字说明为，"这张照片反映了我们对顺从标准（热大爆炸理论）的宇宙学者的看法"。当然，这里有一个平衡点——想对每一个边缘理论和概念作研究是不可能的，并非每个未知点都有同样的科学价值，都能作为探索的潜在起点。不过，科学确实需要通过探索求发展，科学家必须离开鹅群以寻找新方向，我们需要前往那些未知领域。最好的科学家会严肃地检视任何证据，即便是他们也认为不可能发生的事。

EXTRA SENSORY

这就是超感官领域值得探索的原因,即便很多科学家认为它没有意义,也没有什么可以检验。社会学家哈里·科林斯(Harry Collins)指出,"当一个学科处于认知边缘,且一种现象是否存在也存疑时,科学家会直截了当地发出论调,'不管怎样,没有证据'或'为什么要研究不可能存在的东西'"。

本书,我们将看到超感官的背后存在的某些证据——只是人们通常会基于第一反应或者个人偏见进行批评。我们需要后退一步,不要过早判断。

物理学家约翰·贝尔(John Bell)曾为量子纠缠领域做出过重大贡献,一些人感觉该领域或能为心灵感应提供理论机制。在回复一位超心理学研究者的来信时,约翰·贝尔作了公平的回答。贝尔说,"他不愿批评超感官研究存在问题,唯一的麻烦在于可重复性。如某个科学证据可信,它应能在任何拥有合适设备的实验室里被重复验证"。这个麻烦充斥于超感官研究的很多方面,贝尔自己也有一段类似的有趣经历。

贝尔还在北爱尔兰当学生时,就没能重复出电引力和斥力效应的标准实验。事实上,这是一些基本的物理实验,从迈克尔·法拉第(Michael Farady)在19世纪所做的研究起,这些实验就被公认为自然现象。贝尔说,"他的想法是,静电学可能永不会在我的祖国被令人信服地发现——因为这里太潮湿"。贝尔总结,"好的科学家应保持开放心态。事实上,物理学家在过去已被看似不可能的现象惊讶过多次"。

虽然很多声称拥有超感官能力的人毫无疑问都是骗子,虽然今天尚无人能赢得詹姆斯·兰迪(James Randi)的百万美元大奖(该奖发给能在可控条件下展示超感官的人),但仍有一位诺贝尔奖得主为心灵感应提出了一个机制。还有一些主流大学机构的严肃科学家研究过这个领域,比如,普林斯顿工程学异常研究实验室(Princeton Engineering Anomalies Research Laboratory),他们似乎已得到了一些高于随机概率的阳性结果。结论是什么?我们能相信这些实验吗?

大部分关于超精神能力的书都会从一个极端走向另一个极端。一些书接受任何"证据",不管证据是否有力,也不管控制条件有多烂;一些书试图诋毁该领域的所有研究,一切都是胡话,是骗子和庸才的成果。我想做的是带着开放的心态深入这个探索的过程,检视证据,考虑可能的物理学机制,并对超自然能力的主要领域提出一种深思熟虑的观点。我希望你也做好了准备,拥有同样的开放心态,基于证据做决定,而不是依靠个人的主观偏见。有时,人们会倾向于由于某个方面无价值而摒弃所有可能的超精神能力,我们要做的是平等检视每一种潜在能力。

另一个经常需要面临的问题是如何定义超精神能力、超心理学或者超自然现象。心理学或超自然概念混搭在一起是常见的做法,就好像它们是相互联系的一样。传统上,媒体很少区分各样的怪异或神奇现象。所以,你会看到 UFO 和外星人劫持事件与宣称能联系死者的灵媒以及心灵致动放在一起。我努力将本书的焦点放在可以用物理学解释,且无须借助灵魂、精灵或小绿人存在的主题上。当然,我并不是摒弃了它们的可能性(尽管我认为它们大部分不可能),而是希望重点关注人类大脑的潜能——即便不是严格的超自然能力,但至少是超感官能力——哪怕这种心灵能力不如蜘蛛侠和超人那般引人注目。

一些科学家鄙夷这种尝试,声称超自然能力的一切都已结束。他们指出,很多传统上被认为是超自然现象的东西,要么是想象的产物,要么是正常的自然现象产物。科学率先摒弃了超自然层面,这种摒弃也逐渐为大众所接受。例如,闪电曾被视作超自然力量,也许是天神的怒火。虽然我们对闪电产生的技术细节还不完全了解,但鲜有人不接受闪电是一种纯粹的物理现象、一种超大规模的电效应。它和家里的插座输出的电不同,但人们相信,它仍然是一种电。

如果你翻阅自然哲学家及修士罗杰·培根(Roger Bacon)在《大著作》(*Opus Majus*)里总结的 13 世纪的原始科学,会发现里面充斥着旅行者的传说。今天的我们会对其嗤之以鼻,不会认为它们反映了真实世界。你会发现,它记述了亚马孙女战士,还有远超望远镜可视距离的神秘装置。很多神奇的例子都会被认为是自然的一部分，例如，在信件《关于艺术和自然中的神奇力量以及关于魔法的无效》(Concerning the Marvelous Power of Art and of Nature and Concerning the Nullity of Magic)中，培根告诉我们：

> 鸡身蛇尾怪(Basilisk)只用目光就能杀戮；狼人如果比人先看到对方就能让他嘶哑；鬣狗如果进入狗的影子就能让狗停止吠叫……亚里士多德在《植物》(De vegetabilibus)中说，"雌棕榈树可通过雄树的气味使果实成熟，某些国家的母马可以通过公马的气味受孕"。

这些看法在当时就好像现在的科学一般被人深信。但今天，这些看法已被列入树妖和精灵的行列，它们不仅是对自然的错误观察，且被列入了幻想。某些嫌麻烦不愿检验证据的怀疑论者声称："心灵感应、遥视/千里眼(remote viewing)、心灵致动等类似能力应与已在日常生活中消失的误解一样，到了应该被视作幻想的阶段。"

我认为，对它们的研究还远未达到这个阶段，今天仍有很多人认为某些东西有待研究，一大批实验已抛出了值得仔细检验的证据。我们应用新的眼光审视这些证据，既不被狂热支持者影响，也不偏信盲目的科学主义者，不能因为"知道"没什么可看而拒绝看证据。

让我们率先向未知前进，承认自己的无知。

2　超心理学——分辨真假

从夜视摄影机怪异的绿色视野中，可以分辨出有 4 个人围坐在桌子旁。他们正在举行降神会，他们所在的地方以经常闹鬼而臭名昭著。摄影机拍出参与者的眼睛是恐怖的白色，很难从中看出什么感情，他们正在参加英国电视节目《闹鬼》（*Most Haunted*）的拍摄。"他们恐惧吗，还是自得其乐？"节目主持人伊薇特·菲尔丁（Yvette Fielding）曾是儿童电视节目主持人，她似乎很严肃。她曾说，"这个节目没有表演成分，一点也没有。你看到和听到的一切都真实不虚，这不是表演"。

在屏幕中，那张桌子开始左右摇摆并以一种离奇的规律振动起来。它似乎随着某种生物的脉搏而动，某种看不见的力量正驱动着它。桌子中央的那个大蜡烛台也随着参与者逐渐紧张的声音而振动。对大部分观众来说，这就是故事的结尾——他们收获了强烈的兴奋，他们感到神奇的精神世界好玩且令人惊奇，之后转向了下一个节目。不过，少数人注意到了一些奇怪处。他们将视频倒回去，又看了一次，以确定没有搞错。没错，就是这样。那张桌布在菲尔丁的手指下泛起了有韵律的波澜，就好像她正推着桌子产生的现象，她手指产生的压力将桌布弄皱。

无论这里是否存在欺骗，这都是我想在本书中避免提及的现象。我们将要报道的心灵能力（超越大脑日常能力的能力）最好的概括性称呼是"超心理学"（parapsychology）。尽管这个学科并未完全被认为是一门科学，但我们的目的是报道那些可归因于大脑尚未得到解释的功能的能力，同时排除伪科学或不能通过科学检验的能力。菲尔丁的捉鬼节目声称能测出某个独立灵魂的行为，而非生者心灵能力的某种扩展，这不在我们的研究范围之内。他们所展示的东西未被恰当地检验过。

如果仅是因为某件事情无法被检验或测量就摒弃它，也许是武断的。许多新纪元分子（New Agers）对这种行为情绪激动，他们辩称这揭示了科学界的封闭和短视——不愿尝试不符合他们对现实认知的东西。如果我们要弄懂那些人所声称的特殊能力，坚持研究可以检验、重复和量化的超心理学行为将变得非常重要。我们不能说如果某件事不能通过科学鉴定就不存在，而是说科学对这种对象暂时做不了有用的"贡献"，故而尝试变得没有意义。

这种现象有时也被称作"看不见的龙"。我告诉你，我的车库有一条看不见的龙，我可以完全排除对它的任何科学检验。例如，你试图通过在地板上撒面粉用收集脚印的方法发现这条龙，我会指出这条看不见的龙没有重量，刚好飘浮于地面上。你想听它的呼吸声，我会指出我的龙不呼吸。你想用热成像仪检测它，我会指出它不会发出辐射。我的龙可能存在，但如果它无法测量、无法观察，科学则不能说出什么有意义的东西。

甚至，可能某些科学领域（如弦理论）也可被加入这种"看不见的龙"的范畴。数百名物理学家正在研究弦理论，截至目前，它还没有做出任何可检验、可自证的预测。人们把统一引力和其他自然力的努力（如弦理论）描述为搜寻"万物理论"。正如物理学家马丁·博霍瓦尔德（Martin Bojowald）指出的，"按照目前情况来看，弦理论就是一种万物理论，因为一切事物都可以在这个理论的范围内发生"。

从这个角度，也可以说弦理论不是科学。同样的说法也能用到捉鬼这种事儿上。其他的超自然事件，像轮回、灵媒联系亡者的能力以及接收来自来生的电子信息的力量，均建立在超越物理世界假说的基础上。这里，我们需要做的是，去辨认那些或许能被物理学解释的能力，它们在科学的范畴内可以被实验及检验证实或证伪，问题只在于时间的早晚。就本书而言，我们需要聚焦在与人类大脑相关的能力上。

这样做，并不是在摒弃灵媒存在的可能性。认为某些有特殊天赋的人能联系亡者的想法拥有久远的传统，甚至能追溯至古代。至 19 世纪，灵媒表演已渐渐形成了普遍的套路，今天的你仍可以在全世界的剧场和招魂师集会上看到这些套路。然而，多数早期灵媒制造的效果，在今天看来相当可笑——他们在完全黑暗的环境下，让发光的号角升到空中发出声响，帷幕翻滚，灵媒身上流出一种被称为灵外质（ectoplasm）的奇特发光物质。

这些人一次次地被揭露为骗子。有些著名的灵媒被当场抓住正在玩花招，比如用脚指头发出鬼魂的"敲击声"，或者身体扭曲着让帷幕动起来。如果这些招数都失败了，他们会让自己的助手在暗室表演神迹。

从现代的视角看，很难理解我们的先辈（通常受过教育，有些还接受过科学训练）怎么会上这些骗子的当。即使在完全的黑暗中，也很难相信一块浸泡了发光颜料的棉布是"灵外质"或者死者会对发光的号角升到空中发出的声响感兴趣。撇开别的不说，现代观众一定会冲上台去抓这些道具（即使以前，偶尔也会发生这种事），去证明通灵力量站不住脚。

这其中的一部分原因得益于像哈里·霍迪尼（Harry Houdini）这样的人的出色工作揭露了伪灵媒的面目，此后自称通灵者的人少了许多。不过，有一种灵媒活动却丝毫没有减少——灵媒的舞台表演。在表演中，灵媒施法的不是物理对象，而是试图将亡者的信息带给观众。这种表演（由于观众需付费，故称表演）令人印象深刻，但它其实是"冷读术"（cold reading）的高级体现，表演者能在观众无意识的情况下从观众那里获取信息。这种表演通常需要结合一些前期研究工作，即在表演前仔细观察观众的表现。

一旦你意识到他们使用了什么技巧，当场揭穿读心者将变得容易。假设一个灵媒真从亡者那里得到了一条信息，比如，贝蒂有一条信息给儿子比尔，"她对自己遗嘱中将大部分钱留给了猫感到抱歉，但她在起居室的花瓶后藏了一小箱现金，她平日里常用来放向日葵的两尺高的绿色花瓶"。这样一条具体的、易检验的信息一定会令人难忘，且有被进一步追踪的价值。

与此相反，冷读术专家通常会传递一些模糊的信息，"我听到了一个名字是 B 开头的人……她最近刚刚去世，她的儿子或女儿在这里吗？"此后，会进入长时间的停顿。比尔（Bill）大声回答："我的母亲，贝蒂，刚刚去世。""就是她，"灵媒回答，"你的母亲就在这里。她想念你。如果你有什么不顺利，她感到抱歉。她意识到这大部分是她的错误。""哇！"，比尔心想，"这个灵媒太厉害——她竟知道遗嘱里的一些信息。"如此继续，灵媒会说出一些模棱两可的话语，实际上却永远不能被检验准确性。

按灵媒的说法，这些信息如此模糊是因为鬼魂脱离了真实世界，或者不能完全集中精神，或者……胡扯任何其他理由。实际上，他们是在钓鱼，抛出一些话，试图得到正面回应后再做文章。有意思的是，如果你仔细观看一名冷读灵媒的现场，你会发现他经常失败——"有时，他说的一些话未得到任何回应，他会很快转至下一主题。之后，快乐的观众们很少记得灵媒猜错了的地方——他们不会好奇为何过世的母亲会说自己有个姐妹（实际上没有）。一些灵媒甚至严重扭曲事实，称存在一个他们不知道的姐妹，或者有个人就像他们的姐妹一样。一般地，观众只会记得他们说准了的话语。"

虽然大部分通灵术表演（发光号角和灵外质）在 20 世纪 70 年代时已销声匿迹，但在斯科尔（Scole）实验后，这种表演又死灰复燃，此名由英格兰诺福克（Norfolk）的斯科尔村得来。1993—1998 年，斯科尔村的一个团体进行了大量的通灵术活动，声称许多效应是古典降神会的残留，这些效应从神秘的飘浮灯光到出席者被看不见的手抚摸，不一一列举。还有一些现代变化形式，比如"通灵照相术"，照片会在仪式举行时出现在密封盒子里的底片上。

第一眼看去，斯科尔的一些活动似乎令人难忘，但如果你细究，会发现那些鬼魂似乎和它们的祖先一样害羞，不会做出任何可能被揭露出它们为假冒的漏洞。降神会真的需要黑暗环境吗（事实上，只是更容易欺骗）？今天，我们拥有能在黑暗中轻松工作的红外线摄影机，这些把戏已不能继续欺骗我们。

无论何时，独立观察者提议某种形式的控制条件，涉及的灵媒一定会拒绝。偶尔有一位观察者实施了控制条件，通灵体验便不复存在。例如，当观察者用他们自己的盒子代替灵媒装底片的容器时，什么图像也不会产生。尽管斯科尔实验经常被人们称作有史以来最科学的通灵术研究，但它在科学中并无话语权。我们逐条检验斯科尔实验中自称的特异功能，你会发现他们每一次都有足够的机会去实施欺骗和误导。

如果我们广撒网，审视所有的通灵现象，脑海中普遍浮现的都是此类事件。事实上，否定所有种类灵媒现象的证据是强大的，即使我们表面上接受某些现象，它们也不是科学可检视的那种心灵能力。相反，作为物理学家，我希望考虑的是那些更接近真实的心灵能力领域（如，超感官认知和心灵致动），这些领域更具有可解释的科学基础，甚至在部分受控实验中得到过展示。

研究超精神能力现象的科学家们要面临一个主要的问题。大部分人在日常工作中也许不会遇到，但在研究超精神能力时必须时刻警惕。这里，我们以研究超精神能力事件的物理学家为例——很多物理学家做过这种研究，因为我们希望这种能力具备某些物理学现象的基础。这些物理学家可能是非常有经验的实验学家，做过多年的实验室工作。他们所熟悉的物理实验不会骗人，如，电子不会为了愚弄实验人员而突然表现出带正电荷。不过，人会欺骗。那么，实验必须考虑到"人会欺骗"这种可能性的存在。

也许假设实验参与者会试图误导是卑劣的，但经验告知我们，他们经常这样做。在确证特异功能可能意味着科学大突破的情况下，设定避免欺骗的控制条件必须非常强力。那些被揭穿的人被问及为何付诸欺骗时，他们通常会承认自己的行为是一种恶作剧，为了出名或者是为了愚弄那些本应更聪明的学者。

我了解那些伪造奇特现象的欲望，十几岁时，我就伪造了好多 UFO

照片。我从未试图靠这些照片卖钱，只是单纯为了好玩。不过，这一行为足以令我认识到，人没有欺骗动机是幼稚的观点。事实上，欺骗的发生有很多理由。它可能来自于执意证明自己观点的实验人员（或是为了留住基金资助），甚至来自于无意识的行为。我们后面会发现，科学家完全可能在实验结果尚待解读时就提前看到了自己想要的结果。

我怀疑，这甚至来自于实验对象希望取悦实验人员的冲动。实验对象知道研究者希望找到超精神能力的证据，实验对象也许可以因为展现能力而获得物质奖励，这意味着他们作好尽一切办法提供证据的准备。当然，这并不意味着他们在实验人员眼皮底下的所有欺骗行为都是为了帮忙，愚弄那些聪明或许还很自负的实验人员可以带来乐趣。快速回顾一个较早的心灵感应科学受控实验的例子可以给我们带来启示，这个例子中的一个实验对象后来承认自己作了假。

我们需要一直追溯到 19 世纪 80 年代，道格拉斯·布莱克本（Douglas Blackburn）和 G. A. 史密斯（G. A. Smith）展示了戏剧性的心灵感应能力。这次展示被英国心灵研究协会（British Society for Psychical Research）认定为真实。当时，该协会是以科学方法理解超精神能力现象的主要团体。在一次典型的展示中，史密斯被安排在一张椅子上，人们采取了很多手段避免让他与外部世界产生感官接触。他被蒙上了双眼，塞住了耳朵，还被裹在了一块厚毯子里，避免他与同伙交流。不过，人们后来发现，实验人员犯下严重错误的地方正是那块厚毯子。

实验中，布莱克本试图只通过思维向史密斯传送文字和图像。史密斯以令人惊讶的成功率在毯子的包围下复制出了这些信息。看起来，这一切似乎都光明正大，但 20 年后的布莱克本道出了真相。他带着悔恨和自得的复杂感情承认之前的实验为伪造。布莱克本洞悉人类心理，他说，"欺骗源于两个年轻人的真诚愿望，他们试图证明受过科学训练的人在寻找支持自己希望建立的理论的证据时，有多容易被欺骗"。

这种想让研究者（我敢说他们通常带着满满的自负）显得愚蠢的冲动可能是业余实验对象在超精神能力研究中倾向于欺骗的常见原因。

（我使用"业余"这个词，是为了将他们与那些靠宣称拥有心灵能力谋生，且更倾向于为了金钱而欺骗听众的职业骗子区分开来。）

布莱克本继续解释了他和同伙的欺骗手法，他描述了一种非常老练的能绕开控制条件的方法。考虑到他们都不是舞台魔术师，这尤为令人印象深刻。当史密斯被裹在毯子里时，布莱克本悄悄地在一张卷烟纸上画下了那张声称能通过心灵传递的图画。接着，他将这幅画藏在一支自动铅笔里。做好这一切后，他会通过绊史密斯的椅子所在的那块厚地毯边缘以暗示史密斯（他准备好了）。

在感觉到震动后，史密斯会叫喊自己接收到了一条信息并在身前的桌子边摸索边问，"我的铅笔哪去了？"这时，布莱克本已若无其事地将那支铅笔掉在了桌子上，史密斯会捡起那支铅笔。在毯子底下，史密斯藏了一块发光的石板，借以阅读卷烟纸上的信息，从眼罩缝里沿着鼻子边缘窥视（这是魔术师的标准花招，通过眼罩边缘窥视）。最后，史密斯会在毯子底下复制这张图。毯子原本是被设计来避免史密斯与布莱克本交流的，实际上却给观众无法看见史密斯的行为提供了便利。

那些目击表演的人并不蠢，他们是受过训练的科学家，他们以为自己已设置了足够的控制条件以确保实验对象之间不能发生交流。现实是，科学家的确远比布莱克本和史密斯的受教育程度更高，他们是天之骄子，他们扬扬自得。然而，正如布莱克本所言，"两个年轻人，在经过一周的准备后，在这些天才设计的最严格条件下……实施欺骗"。

未来在设计超精神能力实验时，人们应更小心地吸纳这些早期欺骗事件的教训。然而，我们会看到，事情往往不会如此。那些"受过训练的细心观察者"一次又一次地被简单的花招欺骗，当然，不是在所有的超精神能力实验范畴。事实上，布莱克本和史密斯的幽灵从那时开始，就持续不断地缠扰超精神能力世界的科学研究。

我们再次回顾19世纪早期的通灵现象调查，当时的很多科学家被骗子用一些生疏的方法欺骗（第10章有较多类似案例）。这里，会出现一个本书多次出现的名字。多年来，一个男人不断在大众面前揭穿ESP

EXTRA SENSORY

和其他超精神能力的骗局,他就是詹姆斯·兰迪,也称"伟大的兰迪"。这个退休的魔术师尤其善于揭露和挑战心灵能力。

在早期的科学调查中,英国的顶尖物理学家奥利弗·洛奇(Oliver Lodge)是通灵术的强烈支持者,但他似乎很容易上当。最近,我们看到了很多来自英美大学的学者被狡猾的职业骗子忽悠。不过,兰迪和他的英国同仁达伦·布朗(Derren Brown)证明,想在他们面前造假的难度极大。

兰迪很早时就将门槛抬得很高,他设立了一个奖,发给任何能在恰当受控条件下制造超精神能力效应或展示其他超自然能力的人。初始总奖金为1 000美元,之后的金额不断上升。现在,他的"詹姆斯·兰迪教育基金"给任何能在"令人满意观察"下展示通灵或超自然能力的人发放奖励(100万美元)。如果没有这种科学的束缚和魔术师识别造假的能力的结合,以科学的方法解读这些能力的希望非常渺茫。

兰迪就像那些反对某种特定信仰的人一样具有很强的个性[想想理查德·道金斯(Richard Dawkins)对宗教的批评],他偶尔也会自我推销并自命不凡。他喜欢发出一些总结性的观点,如,"在超心理学领域没有一例科学发现被独立地重复"(严格来说,这是不对的)。他做了大量的工作揭露ESP中的伪作,并有效地指出了该领域诸多科学探索的局限性。值得一提的是,很多著名的通灵表演者拒绝在兰迪在场时表演,比如乌里·盖勒(Uri Geller)。他们斩钉截铁地说,"兰迪的恶意压制了他们的能力,但实际上,毫无疑问地,他们害怕自己的花招被揭露"。

兰迪的基金会组织的"百万美元超自然挑战"与本书涉及的超精神能力科学研究并无多大关系,但它作为一种清除某些人炫耀的超精神能力的工具非常重要。试想,如果他们的能力为真,很难理解他们为何不去申请兰迪的百万美元大奖。不可否认,申请过程冗长,申请者必须承担前期费用,且费用需求没有预提示,这颇令人担忧。但那些相信自己的能力货真价实的人一定愿意承担这些成本,以力争百万大奖。基金会每周都能收到一份严肃的申请,但目前还没人能接近得奖。申请过程中，在完全受控条件的正式测试之前会有一个预测试。截至2012年，尚无一位申请者能通过正式的测试。

这项百万美元挑战也有局限性——兰迪的机构声称，不会检验那些可能会导致伤害的特异功能。例如，你声称自己能从10楼跳下并存活下来。基金会不会对此做测试，因为从楼上跳下的人通常结局很糟糕。此外，基金会使用的设计方法更针对那些爱出风头的个体超能力表演者，而不是应对一些实验室声称已发现的微小统计学效应。这是一项勇敢的挑战，兰迪在初期全是自己掏钱，它确实能有效地过滤掉骗子。

如果实验室即将检验自称具有超能力的个体，那么，寻求具有詹姆斯·兰迪那样的有经验和专业技能的人的帮助将是明智的做法——他们能设置严格的控制条件，使欺骗成功率大大降低。他们甚至比物理学家更了解实验对象。即便心理学家也需要这种帮助，因为他们对魔术花招制造超自然能力的技术知之甚少。

如果要挑选真材实料，那么，在研究"超感官知觉"或"超精神能力"时我们真正要研究的是什么？这里，我们首先介绍什么是"感官知觉"——如果不先认识我们熟悉的感官能力，很难去考虑感官能力之外的东西（超感官）。感官是我们与外部世界互动的关键，是大脑与宇宙间的门户。然而，令人惊讶的是，大多数人对它们语焉不详。

人们都熟悉我们的五种感官，这是理所当然的。问任何人，我们有多少种感官，他一定能说出五种。（"第六感"的概念也依赖于五种常见感官）然而，五种感官的理论并不准确。我并非否认视觉、听觉、触觉、味觉和嗅觉的存在，我希望强调的是，人们每天会使用到的感官远不止它们。假设，你被蒙着眼睛倒挂起来，撇开触觉不谈（你可以感觉腿被吊起的地方的压力），你是如何知道自己被倒吊起来的？

相似地，假设你闭上眼睛，某人将一根炽热的铁块靠近你裸露的前臂。你会在何时发现这根铁块？你是如何知道它在那里的？如果你仅依赖传统的五感，在铁块真正接触到你的手臂之前，你不会知道它的存在。然而，实际生活中，并不是这样。

EXTRA SENSORY

被倒吊起来，你会感觉到血液冲向自己的头部，但基本的五种感官不会产生这种感觉。如果你坐过山车时恰好处于头下脚上的状态，你将体验到所有的感觉（远超五感）。即便将五感去掉，你在过山车转弯或者下冲时，也能察觉到加速运动。这是因为，你的身体就像智能手机一样内置了加速计（很多人并不知道）——人体中的加速计包含围绕内耳运动可检测旋转运动的"液体"以及在胶状物质上滑动可检测线性加速运动的"晶体"。这些运动会扰动毛发状的感觉器官，其主要功能是帮助你保持平衡，而实现这种功能则需要加速运动可被检测。

接下来，思考一下那个正在接近手臂的红热铁块。你会在铁块接触皮肤之前就感觉到热。这并非触觉效果，而是皮肤检测到了热。实际上，你的皮肤会以一种粗糙的、弥散的方式"看到"红外线。你可以将射来的红外线感知为一种温暖的感觉。如果铁块靠得足够近，你还能感觉到热带来的痛。这和触觉完全相同，实际上，不用接触，你也能产生烫伤的痛觉。

好几种标准感觉器官都能产生痛觉，比如光线太亮、声音太大，辣椒粉在舌头上产生的灼痛，或者刺激性气味对鼻子的袭击，但它们和我刚才提到的痛觉的体验完全不同。如果你有所怀疑，试试撒点辣椒粉到鼻孔里或者眼睛边缘，很多人在做饭时都有过这样的体验。你会感觉到一种令人不适的灼烧感，但你不会说自己正在用鼻子或眼睛尝。

还有另外一个五感之外的例子，试着闭上眼睛，摸摸你的鼻子。如果没有某种感官引导，随机情况下摸中鼻子的概率非常低，但实际情况是你每次都能摸到。显然，这个过程并未使用到常规的感官。这种能力可归功于一种被称为"本体觉"的感觉，"本体觉"特指你对身体各部分位置的察觉。你不必看或摸就能知道自己的头和手在哪儿，来自肌肉的反馈结合大脑对身体范围的察觉为你提供了信息。

人体除了著名的五感外的感觉就介绍到这里，事实上，某些动物拥有我们停留在想象的感官。这些感官或许是对人类感官的扩展，且远超人类的能力。例如，狗的嗅觉比人类强 100 万倍，它们似乎能建立一种三维的心理嗅觉图像，借以探索世界。鹰的眼睛比人类眼睛的红绿蓝颜色受体多一种，使它们能检测紫外线以助于寻找猎物，因为老鼠的尿液在紫外线视野下会显现出非常明显的痕迹。当然，还有蝙蝠，蝙蝠利用自己的回声定位技能可将听觉提升至人类无法想象的水平。

将回声定位称为"听觉"，本身就不准确。事实上，这是一种完全不同的感官，只是恰好使用了听觉器官而已。实际情况是，蝙蝠在黑暗中飞舞、轻松躲开障碍物，回声定位为蝙蝠的大脑提供的信息更接近于视觉。另外，还有很多生物拥有人类只有通过科技才能与之匹敌的感官。鲨鱼就是一个绝佳的例子，它们虽然视力不佳，但总能不可思议地在海水中发现猎物。此外，很多种类的鲨鱼都有感知电磁场的能力，即便猎物的神经系统只产生微弱的电磁场。一些鸟类能感知磁场，它们能利用一种内置的指南针导航，这种指南针可以侦测到地球的磁场并引导鸟类的迁徙。

如果希望在超心理学领域寻找超感官能力，我们或许要在传统的五感之外，甚至要在那些特殊动物的感知能力之外去寻找，寻找那些迄今未知的能力。不过，动物的超感官也许能给我们提供一些小提示，新的人类感官（超感官）和交流方式也许就是以那些方式发挥作用的。

现在，是时候开始我们的探索了，我们从可能是被最广泛展示以及被最广泛相信的超精神能力开始——心灵感应。这个概念最早由英国心理学研究者弗雷德里克·迈尔斯（Frederick Myers）提出，字面意思为"远距离感觉"，其描述的能力更接近于读心术，使用非普通感官进行的精神交流。

我们先撇开精神交流领域早期的一些诈骗例子不谈，看看这里到底发生了什么。

3　你能听到我吗

　　我们在科伦塞（Colonsay）岛上，这座岛是组成苏格兰内赫布里底群岛（Inner Hebrides）的小岛之一。现在时间是1967年，不过，从岛上的生活节奏和我们的见闻来看，似乎应是20世纪40年代。岛上的一切都很慢，墨西哥湾洋流（Gulf Stream）带来的温暖气候使亚热带植物生长在原本寒冷的北方环境。这里，每周会举行一次社交集会，是苏格兰盖尔版本的谷仓舞会，地点是岛上唯一的礼堂。实际上，岛上居民会在星期天去两个极朴素的新教徒石头教堂的其中之一做礼拜。你只需沿着岛上唯一的铺装马路行走5分钟，就能较容易地遇上乐于搭载你的司机，通常你也会乐于上车。行走在这里，就像穿越了时间隧道。

　　如果你运气不错，停下来搭你一程的那人也许是岛上的怪人之一，那位医生。这位灰发的中年男人，驾驶着一辆全天候敞篷的路虎车。驾驶座旁放着一把霰弹枪，你最好做好保护自己宝贵生命的准备。如果他在荒野中发现了一只野兔，会立即驶离马路，颠簸着穿过空旷的田野追赶猎物，一只手开车，另一只手举着那把霰弹枪。此后，如果你提出下车帮他捡被打死的猎物，他会非常乐意。

　　海岛有着白得令人惊异的沙滩，银色的沙子赋予了海湾水面加勒比天堂般的湛蓝之美，其中一处沙滩上设有一座男生营地。一天晚上，太阳落山时，一位孤独的风笛手路过此地。无法解释他为什么在那里，悠扬的风笛声越过沙丘。他沿着山脊行走，而后消失。即使从未喜欢过苏格兰风笛声的人也能感悟这样场景中这种声音所表达的纯粹的情感。

　　风笛手拜访的次日晨，发生了一个紧急事件。营地中的一个男孩想让他最好的朋友回营地，但他的朋友听从某人的差使，沿着海滩跑开了。男孩试图赶上朋友，但他的朋友实在跑得太快，在后面追赶的男孩喘不过气且几乎发不出呼喊声。他在自己脑子里大声喊叫，"保罗，停下！"但他没法说话，他只能敲打沙滩。他的朋友在前方至少100码远的地方，而他的胸口突然岔了气，这意味他的追赶即将被迫结束。突然，朋友停了下来且转身，向追赶他的男孩的方向回跑。当追赶他的男孩问他为何突然停下并回跑时，他也感到迷惑。

"刚才，你叫了我，"他说，"我听到你在喊，'保罗，停下！'。"事实上，在整个事件中，无人发声，那声呼喊是由男孩心里发出的。

这件事发生在我12岁那年，是我仅有的一次体验到可能的超精神能力现象，我就是上述故事里的追赶者。甚至，40多年后的今天，我仍能清楚地记得当时的场景。我对此事作了详细描述，因为在分析超心理学事件时，上下文非常重要，特别是对于诸如此类的传闻。回忆戏剧性的事件（或许会被虚假记忆稍微修饰）时应全面一些，孤立地将其呈现很容易，但容易给人带来误导。

出于充分的科学理由，研究者总是试图尽可能地将他们正研究的事件与普通场景剥离开。一般地，良好科学研究的要素之一是控制条件——但心灵感应的研究在这里会遇到麻烦。例如，心灵感应一直被报道发生在关系密切或者存在某种强联系的人之间，且常发生在压力之下或者是传递信息特别紧急的时刻。然而，几乎所有心灵感应的实验研究都在陌生人之间进行，且没有紧急的交流需求。一些实验甚至涉及感官剥夺，将情感及紧急需求减少到了最低程度。

这就好比你希望研究地震，却决定在一个地质结构非常稳定的地点（某栋装有震动吸收装置的大楼）作研究，这显然是个错误。科学地说，如果心灵感应真实存在，在有助于心灵感应激发的场景下设置控制条件似乎更正确（也许，这会很困难）。打个极端的比喻，拿走这些要素就像欲做某种糖尿病新药的医学测试，却选择在未患糖尿病的人身上测试新药。

EXTRA SENSORY

将某个事件脱离自身环境并孤立报道，还存在一个问题：轻信者会被某个用诡计伪造超精神能力的人愚弄，不管他是为了获利或是取乐。如果你脱离上下文，只描述即时事件，误导性将很难避免。以色列通灵者乌里·盖勒（第10章会提到）参加过一个著名的缺陷研究，据报道，盖勒多次成功预测了在封闭盒子里摇出骰子的结果。事实上，有个关键信息很重要，盖勒在结果产生之前能操纵那个盒子。此信息之前并未报道，而是后来遭到泄露。联系上下文，会让所描述现象的确定性变得截然不同。

如果，我们要检视自身的经历，就需要考虑很多与上下文有关的因素。上述事件中，积极的角度看，我曾试着与自己的好友交流，当时的我处于压力之下，我在脑海里尖叫；消极的角度看，当时的我们处于一个充满虚无感的环境，这种环境或许比平常更易制造虚假记忆。我对40年前的回忆有多少为绝对真实还存在疑问。重要的是，是否存在这样的情况——我确信自己因喘不过气而无法发声，或者发声也因距离太远而未被人听到，但事实上，我是否已呼喊了出来且对方确实听到了，只是我们都未意识到？这是否只是对人类声音的简单的、日常的感知？

心灵感应显得特别自然，因为人际交流在我们的生活中扮演了重要角色。自文字发明以来，我们就能从远方传递思想和信息，好像我们就在当场。近年来，我们看到这种远距离交流的机会随着电报、电话、无线电波和互联网的到来正发生爆炸。现在，我很自然地认为，自己可以通过电子邮件或者社交媒体与地球另一边的人们即时通信，或者使用类似Skype的产品进行音像交流。鉴于日常的人际交流的范围从直接对话到上述技术方案不等，心灵感应看起来并没那么奇怪。

更重要的是，在所有的超精神能力中，心灵感应能力最易符合科学世界观。在判断某种超心理学事件的真伪时，我们必须看一看基本的物理学——需要多少能量？能量从何而来？信息是如何传递的？涉及了多少复杂事物，比如穿越时间或者远程操控物体？心灵感应在所有方面都能得分。归根结底，它是一种交流方式，科学一直在赋予我们这种能力。声称体验过心灵感应的人（包括我自己）在超能力领域中是最多的，这使它成为了一个良好的调查起点。

心灵感应是否能以任何可能的机制直接传递信息？确定这点，或许有助于理解目前的研究进展。2001年，诺贝尔奖物理学奖获得者布莱恩·约瑟夫森（Brian Josephson）掀起了一股狂热——他提出心灵感应或许是量子纠缠的产物。自爱因斯坦首先称其为"远距离鬼魅作用"以来，该现象就一直作为所有学科中最奇特的现象而闻名。

毫无疑问，约瑟夫森是位睿智的科学家。1973年，他在理论上预测了一种特别的量子化电结获得了诺贝尔奖，今天的这种可使超导效应穿越屏障的电结被称为"约瑟夫森结"。实际上，这属于高能物理学范畴，但约瑟夫森表现出了比大部分科学家更开放的心态（他的对手会说他过于开放）。至少，他在准备考虑类似于水的记忆这样的先锋理论，有人用这种理论解释顺势疗法，而大部分人都嗤之以鼻。有人说，他在面对很容易摒弃的信息和现象时表现出了幼稚，幼稚是长期困扰科学家尤其是研究非主流科学现象的科学家的毛病。

奇怪的是，约瑟夫森对心灵感应机制的研究源自一套特别发行的邮票。为纪念诺贝尔奖问世100周年，英国邮政署在2001年10月2日制作了一套纪念邮票。为了推销，这套邮票常以套折（presentation pack）的形式售卖，套折中通常会包含一些书面材料，颇像DVD中的幕后花絮。这套纪念邮票的套折包括了6位英国诺贝尔奖获得者各自的"诺贝尔回忆"，6位获奖者分别获得了物理学奖、化学奖、医学奖、经济学奖、和平奖以及文学奖。约瑟夫森贡献了物理学条目。

6位贡献者得到了在各自学科自由发挥的权利，约瑟夫森这位从不害怕引起争议的科学家决定制造点混乱。后来，当被问及他的本意是为了激起事端还是严肃对待时，他回答，"两者兼有"。约瑟夫森在他写的短文中介绍了量子理论，并着重指出了其理论和实践上的效用。他在结束语里写道，"现在，量子理论结合了计算机和信息理论的发展，这些发展可能会帮助人们理解传统科学无法解释的过程，比如心灵感应"。

EXTRA SENSORY

不久后，邮票的发行引发了人们如潮水般的回应。物理学家对此的回应从温和的"我感到非常不安"到激烈的"这是垃圾……皇家邮政局被忽悠了，竟相信胡说八道的理论"……后面这句话来自顶尖的牛津科学家，约瑟夫森长久以来的对手大卫·多伊奇（David Deutsch）。英国皇家邮政局的发言人凯瑟琳·霍林斯沃思（Kathryn Hoollingsworth）说道，"如果人们认为他说的话没有科学基础，我们的确应该检查一下；但如果他获得过诺贝尔奖，这或许能增加一些可信度"。

约瑟夫森得到了一次在 BBC 的王牌时事节目《每日新闻》上回应针对他的批评的反驳机会。他先看了一段通灵术揭秘者詹姆斯·兰迪的视频剪辑。兰迪在录像中带着典型的强硬语气评论，"没有坚实的证据证明心灵感应、ESP 或无法称呼它的东西的存在。我认为，从多方面来说，如果这些人转向了类似量子物理学的领域，仅说，'哦，答案就在这里，因为一切都非常模糊'，会让量子物理学成为流氓的庇护所，因为它使用了与人们日常习惯使用的常规英语完全不同的语言"。

针对这段录像，约瑟夫森提出，有必要考虑一下加州大学亨利·斯塔普（Henry Stapp）的研究。斯塔普提出，科学没能恰当地将意识考虑在内。约瑟夫森说，"本质上，斯塔普是在反思量子力学早已确认的一个方面，即必须考虑观察者的因素，这是量子力学系统的一部分"。"这不是一个疯狂的想法，"约瑟夫森说，"这是标准的物理学。"我们后面会介绍，这个论断稍微夸大其辞，但绝不是幻想。事实上，约瑟夫森和兰迪都错了。

人们对约瑟夫森文章的攻讦主要基于认为心灵感应不存在（这一论断并无清晰基础）的怀疑论逻辑，他们认为无需为此建立理论基础。我们将回到证明心灵感应存在的证据上，但量子理论真能为心灵感应提供运行机制吗？或者，如兰迪所言，只是一个模糊思考和搞混术语的例子？约瑟夫森的评论有两个部分："他提出量子纠缠可能与此有关，同时指出了量子物理学中观察者的关键作用。"这两个部分都需要做进一步的解释。

如果量子物理学要充当媒介，使心灵感应或其他超精神能力现象借以工作，关键要素在于它以什么方式将人类大脑与外部的物理现象联系起来。在我的故事里，如果远距离通信（超感官）可行，那么，对某种事物的纯粹思考必须要能在远离你身体的地方产生作用。鉴于此，基于观察者在量子系统中的关键作用，量子物理学确有可能提供这样一种机制。不过，它也有附加的限制条款。

量子化粒子（像光子或金属电线中的电子）和宏观粒子（比如网球）完全不同。假设，我将一个网球放在桌子上，轻抖手腕让其旋转。我可以看着那个网球，说出它是怎么旋转的（例如，从上方看为顺时针转动）。在这个过程中，我的观察对它旋转的方式并无影响。"我对网球的观察"与"旋转本身"并无显著的相互作用。

现在，我们拿出一个量子化粒子。它和网球一样，也拥有物理学家所称的自旋这种性质。起这个名字，是因为量子自旋和真正的旋转确有相似处。例如，量子自旋也遵循角动量守恒——除非被施加了外力，旋转力才会改变。但在实际上，量子自旋与网球的旋转完全不同。我们并无理由证明光子真的在旋转，"自旋"这个概念只是我们借用的一个标签。事实上，我们完全可以称其为量子"个性"或者量子"政策"。这点，在我们试图测量这一性质时，会变得更加明显。

如果我要测一个光子的自旋，它只能有两个值：上或下，对应了真实自旋的两个可能的旋转方向。不过，有意思的事情也在这里。在我测量之前，粒子处于所谓的叠加态——同时处于自旋向上和自旋向下状态。（这也是著名的"薛定谔的猫"的理论来源，这只猫同时处于生和死的状态。）比如，这个粒子可能有60%的概率自旋向上，40%的概率自旋向下。如果我逐个测量粒子的自旋，100个粒子中会有60个向上，40个向下。但在测量之前，没法分辨某个特定粒子的具体结果。

这正是爱因斯坦痛恨量子理论的原因，并与之斗争了几十年，正是这个原因让他抱怨上帝从不掷骰子。我先说明一下，并不是在测量之前，100个粒子中已有60个处于自旋向上状态，40个处于自旋向下状态。实际情况是，在测量之前，它们都处于向上和向下的叠加态，只是有60%的概率在测量后为向上，40%的概率在测量后为向下。为了便于理解，你可将自旋视为一个上与下之间的方向，上方向和下方向成60∶40的角度。没有任何秘密信息可以告诉我们一个特定粒子的真实状态。物理学上，它同时处于两种状态。

这也是超精神能力研究者产生兴趣的地方。只需要做出观察就能将一个处于叠加态（同时向上和向下）的粒子切换为某个"真实"的状态，这个过程被称为波函数坍缩。"波函数"是薛定谔方程的结果，薛定谔方程是量子理论的中心理论。它以概率波的形式描述了粒子（或一群粒子）的状态，粒子状态根据方程可随时空发生改变，这描述了波函数的形成过程。

在你测量时，粒子被迫进入了两个状态的其中之一。关于"观察它"这个动作涉及了什么，存在很多争论。但如果"观察它"是指有意识的大脑在获取这一信息［一些物理学家跟随匈牙利裔美国物理学家尤金·维格纳（Eugene Wigner）的思考，相信这是真的］，那么，我们便获得了有意识的大脑与一个远离大脑的量子事件的直接联系，这也许就是心灵感应得以运行的理论基础。

尽管"薛定谔的猫"这个思想实验经常被人提及，但仍有必要再回顾一次，去看看波函数坍缩需要有意识的大脑这一理论的优缺点。在"薛定谔的猫"实验中（该实验并未真正实施过，没有猫受害），猫被关在一个盒子里，盒子里有一个放射性粒子，我们知道它会在未来的某个时间点衰变。衰变的时间点就像粒子的自旋那样没有固定值，只是存在不同的概率。这也是为什么我们要用半衰期检测放射性元素寿命的原因。我们不能说，一堆放射性材料中任一特定粒子会在何时衰变，这不现实。但我们能说，在一半粒子衰变之前（我们不知道是哪一半），需要等多长时间。

一段时间过去后，盒子里的那个粒子仍然处于叠加态。在这段时间里，它衰变和不衰变的概率是确定的。但不经过观察，不能得出它处于何种状态的结论，因为粒子处于叠加态（同时处于两种状态）。猫也一样，盒子里有一个探测器，当粒子衰变时被触发，它所连接的装置能释放出致命毒气至盒子内部。所以，如果我们发现粒子已经衰变，我们就能知道猫死了。

现在，在作出观察前，先思考一下盒子里的情景。因为粒子尚未被观察，所以它同时处于两种状态，毒气装置被触发和未被触发。这意味着，那只猫在我们打开盒子观察故而使波函数坍缩并产生确定结果之前，同时处于生和死的状态。

很多人会主张在盒子内放置一个观察设备，这样，我们不必打开盒子，粒子可以一直处于被观察状态。有人会说，我们必须考虑整套装置的量子态。毕竟，探测器自身也由量子化粒子构成，这些粒子对描述了整体装置的量子化现实的波函数各有贡献，这种情况下，在盒子打开前，真的存在一只同时生和死的猫。

相信心灵感应具有量子机制的人想在此之上建立理论基础，似乎人类的意识能影响量子物理学系统。仅靠看一眼盒子内部的情况就能决定猫的命运，相比心灵感应，这更像是对一种通信形式存在的证明。不过，就在前不久，退相干概念的提出从理论上保证了这只假想的猫的安全。

退相干理论提出，当量子化粒子与周围环境发生相互作用时，结果会发生波函数坍缩。基于以上目的，探测器以及盒子的内容物无需有意识的观察者也相干无事。实际上，该粒子与盒子其他部分的相互作用会影响自身。退相干和真正的波函数坍缩有一些细微差别，但粒子波函数的独特性质实际上与周围的环境牢牢纠缠，使其行为更像一个网球而不像一个真正的量子化粒子。它失去了某些量子怪异性质。

这里到底发生了什么？对这个问题，人们还没有绝对的答案，至少目前没有。解决"量子测量问题"并解救薛定谔的猫的困难仍然巨大。人们为了解决这个困难，抛出了复杂而混乱的方案，比如一些科学家相信平行宇宙理论是最可能的答案。在平行宇宙理论中，每一量子态存在于不同的平行宇宙，没有坍缩，只是我们的现实选择了其中一条道路，将我们从一个宇宙带到另一个宇宙。不过，也有很多人认为，平行宇宙理论太复杂，产生了比它试图解决的问题更多的新问题。

尽管我们还未能清晰理解量子观察效应的原理，但仍为心灵感应的可能机制留下了开口。我们需要让这种效应跨越一段距离发生作用，这里，又涉及了第二种常与心灵感应发生关联的怪异量子现象，布莱恩·约瑟夫森在邮票中也提到过这种现象。

量子纠缠是最奇特的科学现象之一，实际上，它的非凡意义是由阿尔伯特·爱因斯坦和两个同事率先提出的，他们为了批判量子理论合写了一篇论文。这篇发表于1935年的论文（广为人知的名字是作者名字的首字母EPR）指出，存在某种机制使两个量子化粒子相互联系进入一种"纠缠"状态。一旦进入这种状态，我们对其中一个粒子进行观察将瞬间为你提供另一个粒子的信息，无论两者的距离有多远。

爱因斯坦说，看起来，要么是远方的那个粒子携带了某种隐藏信息，要么你必须放弃"定域性"概念，这意味着一个量子化粒子可以瞬间影响任意距离外的另一个粒子。量子理论拒绝携带信息的隐变量存在，似乎是提示信息能以无限大的速度从一处传播至另一处，这显然违背了爱因斯坦的狭义相对论——该理论将信息的传播速度限制在了光速之下。如果爱因斯坦是正确的，任何速度都不能超过光速，这篇论文将是对量子理论的致命一击，量子理论将遭到放弃。

为了明白量子纠缠为什么如此奇特以及为什么爱因斯坦相信自己抓住了量子物理学的致命点，我们需要更进一步理解这里发生了什么。

量子理论是科学家在20世纪上半叶为了解释光子和组成物质的粒子这样的量子化粒子的奇特行为而发展的理论。尽管量子理论源自爱因斯坦自己的研究，但他对此理论却从未满意过。他曾对量子理论做出过如下的著名评论：

量子力学很强大，但我的内心告诉我，它还不是真正的科学。

这一理论说了很多，但并未真正让我们更靠近"老家伙"的秘密。无论如何，我相信"上帝"从不掷骰子。

我们介绍过，量子化粒子的性质和网球之类的宏观物体大不相同。现在，量子纠缠带来了奇特的东西，一些处于纠缠态的粒子在被观察时总会具有相反的自旋状态。测量一个粒子的自旋，如果你发现是向上的，那么，你能马上知道另一个粒子是自旋向下的，即便这个粒子在宇宙的另一边。

对普通物体来说，这并不令人惊讶。假设，我将一双鞋子打乱。此后，随机选了其中一只，另一只放在一个封闭的盒子里送至宇宙的另一边。我带回家的那只鞋有50%的机会是左或右脚的。到我回到家的那一刻，当我看到家里那只鞋是右脚的，就能立即知道宇宙另一边的那只鞋是左脚的。初看起来，两个互相纠缠的粒子也是同样的情况，没什么奇特。不过，量子化粒子和普通物品并不相同。

在测量之前，两个粒子完全处于同一种状态：50%的概率向上，50%的概率向下。并不存在隐藏信息（和鞋子不同）预先决定我留在家里的那个粒子是自旋向上或是自旋向下。当我检视家里的那个粒子时，叠加态坍缩为自旋向上状态，而另一个粒子马上变为自旋向下，不管它在何处。这种观察值的确定直到我检视粒子的那一刻才会发生，在那一刻，相应的信息瞬间被传递到了宇宙的另一边。这也是爱因斯坦感到烦恼的原因。

在爱因斯坦发表EPR论文时，量子纠缠还只是一个理论概念。但那之后的多年，它被重复检验和探究了多次。每一次，量子理论都得到了维护。这种被爱因斯坦称为"鬼魅联系"的东西真实存在。布莱恩·约瑟夫森提出，这或许是心灵感应背后的机制。不过，他未提到的是，量子纠缠还可被直接用于超光速信息传递。

通常，人们听到量子纠缠的第一个想法是，它似乎能应用于瞬时发报机的制造。光是人类已知的最快的通信方式。光的速度大约为每秒

EXTRA SENSORY

300 000 千米（186 000 英里）。即便是这样的速度，我们将信息从离太阳最近的恒星比邻星（Proxima Centauri）发送至地球也需要 4 年的时间。如果我们要派一支远征队去这个离我们最近的邻居，这显然不是一种理想的方式。量子纠缠发报机也许能克服光速通信的滞后效应。更令人惊异的意义在于，由于相对论的作用，我们知道，超光速传播的信息还能让我们与过去实现通信。

爱因斯坦的狭义相对论告诉我们，物体运动得越快，运动物体的时间相对于其离开的地点则越慢。如果我们能发送一条瞬时信息给一艘已航行了一段时间（如此才能拉开时差）的飞船，这段信息将会发送到过去。

但是，量子纠缠不允许这种可能性存在。尽管它能瞬间穿越任何距离，但并不允许受控的信息被发送出去。以这种方式通信的"信号"永远是随机值。多年来，人们尝试过很多天才的想法制造基于量子纠缠的发报机，皆未能成功。拿那一对具有纠缠自旋状态的粒子作例子，当在家的那个粒子被测出为自旋向上时，我们知道自旋向下的"信息"已被发送给了远方的那个粒子。但是，我们并无办法控制结果——本地粒子是自旋向上或向下是完全随机的，所以我们传送的信息也是随机的，它是"噪声"而非有用的信息。

几周前，我在爱丁堡的国际科学节上谈论了量子纠缠，听众前排有一个兴奋的 9 岁孩子认为自己可以解决这个谜团。他说，"为什么不找一系列纠缠态的粒子，利用它们的纠缠状态发送信息？"他不是第一个想到这个点子的人。当你测量一个纠缠态粒子的性质（例如自旋）时，纠缠态会坍缩。那么，分辨两个粒子是否仍处于纠缠态是可能做到的。

所以，为什么不将一系列的纠缠态粒子作为通信载体呢？我们可以在家于事先约定的时间检测其中一些粒子的自旋值，打破纠缠态，远处的接收端立马可以检测对应的粒子。如果将仍处于纠缠态的粒子当作 0，纠缠态被打破的粒子当作 1，人们就能在任意远处瞬间读到从家里发送过来的二进制信息。

不幸的是，这个早熟的9岁孩子漏掉了一点，这点恰好总会妨碍人们尝试用量子纠缠的扩展版发送瞬间信息——虽然这种方法可被用来发送信息，但信息无法瞬间送达。问题出在，接收端需要确定哪些粒子仍处于纠缠态。做到这点具有可能性，但必须用老派的光速通信才能在发送端与接收端间交换信息。当接收端可以确定哪些粒子仍处于纠缠态时，时间优势早已丧失。所以，瞬间通信不复存在。

这一绝望的现实并未阻拦住很多人（无论科学家还是业余爱好者）去寻找回避办法。20世纪80年代初，物理学家尼克·赫伯特（Nick Herbert）设计了一种基于量子纠缠的瞬间通信装置，包括伟大的理查德·费曼（Richard Feynman）在内，没人能发现这种装置的错误。这种装置主要依靠光子的偏振方式——光子要么是线偏振，要么是圆偏振。

光子有一种被称为相位的性质，偏振就是相位的组织方式。相位就像时钟旋转的秒针那样会随时间发生改变。当光子是线偏振状态时，相位的旋转方向所在的平面对于所有光子来说都是一样的。（如果你将光视为一种波，那么，线偏振波会以同一方向左右振动。）当光子是圆偏振状态时，波纹的方向（光子相位的平面）会随时间变化，在光向前运动时，偏振方向会围绕运动方向螺旋前进。

赫伯特的装置是，放置在中央的光源朝两个相反的方向发送纠缠态的光子。朝接收端发送的那个光子会先穿过一个激光增益管，这种增益管可制造这个光子的许多复制品。一段时间后，朝相反方向发送的光子会抵达一个属于发送端的探测器。另一方向的光子流抵达接收端时会射中一个射束分离器，将一半光子发送给线偏振探测器，另一半发送给圆偏振探测器。

现在，介绍这一装置的聪明之处。发送端的人会观察自己收到的那个光子，检查它是线偏振还是圆偏振。这一行为会立即迫使远处的光子流对那两个探测器产生不同的反应，因为光子流也会变成线偏振或圆偏振。然后，变戏法似的，你得到了瞬间通信的方式。

赫伯特有点不走运，虽然这确能称为天才想法，但这种方法不会成功，因为激光增益管无法神奇地复制光子。完美复制量子化粒子（包括精确复制其性质）的唯一方法是，通过一种被称为量子传送的过程，利用的是量子纠缠本身，这一过程需要毁灭原本的粒子，这决非瞬间发生的。激光增益管的确能产生与原来的光子具有相似性质的多个光子，但这些光子不会如赫伯特装置的要求那样与原来那个光子一模一样。因此，这个过程不能成功。到目前为止，尚无人能找出解决方法。

这些利用量子纠缠进行通信的研究具有显而易见的限制。同时，这也意味着，如果我们希望考虑基于量子纠缠的心灵感应，必须寻求比简单地通过检查纠缠态粒子来发送信息更成熟的方法。

布莱恩·约瑟夫森等人的建议是，意识的运行机制本身就涉及了大脑内部的大规模纠缠态。意识是科学最大的谜团之一，我们尚不完全理解意识的运行机制。许多科学家提出，意识的核心存在着一种量子过程，这也许会涉及每个人的大脑中的量子纠缠态。如果事实如此，这种环境可能会让两个大脑产生某种纠缠态的重叠。这在本质上，就是两个人的意识的暂时连接。

这种理论比赫伯特的量子纠缠通信器更模糊，但这里有可能存在一种心灵感应的载体。这种载体利用了意识在量子力学中的实际作用，如同在打开封闭盒子观察那只或生或死的猫时意识起到的作用一样。实际上，根据量子理论，观察者本身就是实验的一部分，可以影响结果。所以，这看起来很合理——一个人的心灵可以通过量子观察者效应以及量子纠缠形成的联系这两者的结合影响另一个人的心灵。

另外一些为心灵感应提供媒介的理论涉及了多维空间，这种多维空间可以在人们的心灵之间建立一种联系（甚至能穿越时间产生预知，见第5章）。在我们熟悉的维度里，人们的意识在物理上是分开的，但根据多维空间理论，原本分开的意识可以通过另一个维度联系。一个可能的模型是，利用弦理论所必需的额外维度，弦理论要求必须存在多达7个以上的额外空间维度。不过，这里存在一个技术问题——弦理论假设（事实上是要求）这些维度必须卷曲到非常小的尺度，以至于无法被观察，这对穿越时空来说实在不理想。

理论物理学家伊丽莎白·劳舍尔（Elizabeth Rauscher）提出了一种不同的提供额外维度的方法，她扩展了正常的三维空间，增加了3个虚拟的空间维度，合计为6个维度。这些虚拟维度的"虚拟"并非指"我们假装有三个额外维度"的意思，而是数学意义上的虚数——利用了-1的平方根这个性质。

简而言之，一个数字有两个平方根。例如，4的平方根是2和-2，因为（-2）×（-2）仍然等于4。但是，当你试图研究一个数与自身相乘得到负数的情况时则会出现问题。常规的算术无法解答这个问题，所以，数学家构想了虚数i，即-1的平方根，使i×i等于-1［（-i）×（-i），也一样］。看上去，虚数只是数学家设计的把戏，但它们在物理学和工程学上具有不可思议的价值，我们可以将虚数视为与正常数成直角的额外维度。

实数轴就像一把尺子，0在中间，正数在0的右侧，负数在0的左侧。虚数则分布在与实数成直角的第二根数轴上。那么，二维平面上的任一点都可被视作一个复数，即实数轴上的值与虚数轴上的值之和。所以，一个用"2+3i"表示的点指的是实数轴上2个单位和虚数轴上的3个单位。

正是这种机制让虚数在物理学和工程学上发挥了重要作用。事实证明，在计算超过一个维度的现象时，虚数是一种极有用的工具，例如计算在传播时左右振动的波。

一般而言，在实际应用中利用虚数计算时，只要最后的结果能将虚数消去就没有问题。通常它们会被平方抵消，留下实数解。在物理学的某些方面，虚数非常有用。但目前，我们还无法知道，现实世界中是否真有虚数存在。在劳舍尔的宇宙中，每个维度都有与其垂直的真实的虚拟维度——反物质的对应维度。

就其本身而言，让这些维度虚数化是具有可能性的。就像描述波时的情况，虚数化只是一种反映彼此垂直又不交互的新维度的方便机制。

EXTRA SENSORY

只是在这种情况下,每个新维度必须与目前的物理维度成直角,理解这个问题有点抽象。

劳舍尔的模型可以让在正常维度空间分开的两点通过虚拟维度连接,但这种模型依然存在小问题——无任何证据能证明这些虚拟维度存在。这种虚拟维度解决的是"心灵感应是怎么工作的"问题,而不是"我们如何解释观测的宇宙"。如果心灵感应只是虚拟维度存在的唯一证据,就太不可思议了——我们期待虚拟维度在物理学的诸多方面都能看到。这让人不禁怀疑,这种追求其他维度的做法是否只是我们青年时代漫画书设定的扩展,在那些漫画书设定中,奇特的生物总能从"其他维度"穿越到我们的世界。

那么,我们只剩下量子纠缠了。根据约瑟夫森的说法,仅靠量子纠缠也能提供心灵感应的可能媒介。他提出,"人类的心灵(可能还有其他生物的心灵)可以被看作是随机序列的模式"。"随机序列的任何特定部分都能整合成模式,"约瑟夫森提出,"这也许能让生物理解这种特定序列之中的模式,这也许能绕开前面提到的量子纠缠只能发送随机信息的限制"。

当然,也许我们寻找的是一种太过复杂的机制,我们用大脑电活动产生的电磁现象就能更直接地解释心灵感应。我们知道,大脑可以产生电信号,原则上,这种电信号能与别人的大脑建立电磁联系。

这种机制颇像英国雷丁大学(University of Reading)的凯文·沃里克(Kevin Warwick)教授做的一个实验的远距离版本。沃里克做了一系列研究,将各种小电子设备装进自己的身体。2002年,沃里克将一块装有100个电极阵列的芯片植入了自己左臂的肘关节下方,与他的正中神经纤维相连接。这块芯片让沃里克可以控制一个电动轮椅和一只义手。

沃里克的妻子伊雷娜(Irena)也进行了一次较简单的移植,她可以用这块移植芯片向沃里克传递一种人工制造的感觉。她的大脑发送的命令可以激活移植芯片,使其产生一个信号。紧接着,信号将被传递给沃里克的移植芯片。最终,在沃里克的大脑里产生感觉。伊雷娜的大脑通过电子扩展技术与沃里克的大脑进行了简单通信。心灵感应的电磁模型也依靠类似的运行机制，但无需芯片作为中介。

这种解释的问题在于，心灵间的电磁通信如能建立，这种信号应该很容易被人们检测，但目前尚无证据表明这种信号存在。我们知道，鲨鱼的确有能力侦测到其他生物神经系统的电活动。由此推理，心灵感应也许可归于这种能力的某个扩展版本。但鲨鱼的这种能力只能在短距离内起作用，且只限于简单的侦测——这点在检查鲨鱼大脑时可以发现。

人类的大脑能产生非常有限的电磁信号，可被紧密接触的电子传感器接收，但如希望拥有广播的能力则需要这种信号具有较强的发射功率。虽然我们知道鲨鱼的生理传感器能收集电活动信号，但我们从未在人体中找到过类似器官。

还有人提出了另外的机制。约瑟夫·班克斯·莱因（Joseph Banks Rhine）在20世纪30年代做了详细研究，排除了心灵感应通过某种基于波的通信方式发挥作用的可能性。他提出了两个主要的理由。第一个理由，他相信自己的实验能证明心灵感应即使在几百英里的距离之外也不会削弱，这说明它不同于无线电广播。

如果这是真的，它就完全排除了电磁波理论。不过，莱因的实验存在很多问题，这些问题意味着他的实验不能严谨地证明心灵感应的强度不会随传播距离下降。此外，无线电报员会告诉你，在良好的大气条件下，即便是极微弱的无线电信号也能在莱因设置的这段距离之外被接收到。所以，这个理由并不能完全排除这种基于传统物理学的解释。

莱因的第二个理由，他相信心灵感应和遥视（千里眼）在本质上相近。在很多案例中，遥视事件可能更有资格被称为心灵感应——例如，据信，有一个人通过观察者的眼睛看到了一幅景象。此例中，实际上发生的是两人之间的通信，而不是字面意思上的从远处看到。与此相似，很多人声称的心灵感应的例子，发送者看着一张纸牌而接收者接收到了纸牌的图像——这或许是另一种遥视，接收者无需发送者的介入就能直接看到纸牌。如果莱因是对的，"无需发送者的精神介入就能侦测到物理对象"这种能力将更不易被物理学机制解释。

如果心灵感应的典型运行机制是发送者产生信号（不论是电磁信号还是利用量子现象），然后被接收者侦测到，那么，很难以这种机制解释休伯特·皮尔斯（Hubert Pearce）为莱因表演的遥视实验。实验中，他猜中了一张又一张纸牌，这些纸牌没人触碰也没人看到过。如莱因所言，我们没法认为纸牌上的墨迹能产生信号。这种技术可能需要另外的机制，例如，观察者产生某种信号，这种信号在遇到纸牌时可以触发一种反应。

在莱因的时代，基本的遥感技术（如雷达和声呐）皆处于研发阶段。当时，实体类比的缺乏意味着莱因被局限在了当时仅有的理论之内。也许，有一丁点儿可能，遥视或千里眼依靠的是一种自然雷达机制（第6章有关于遥视的更多介绍）。

在察觉到传统物理学的问题后，莱因提出了另外一种解释，他说，心灵感应（以及遥视）的机制有可能不涉及实验室常被研究的那些物理学机制。因此，他提出精神（mind）能以某种方式非物质化（dematerialize），脱离身体独立发生作用。这种理论认为，精神能离开身体并"外放"到观察对象或接收者处，以目击所需要看到的东西。莱因似乎将精神视作是一种鬼魂的形式，能以一种被他描述为"特别不机械的程序"脱离身体，四处飘浮。

这种飘浮的精神体模型显然来自于历史悠久的传统观点，"心体二元论"（mind-body duality）。该观点可追溯到古希腊时期，它的现代形式来自于17世纪的法国哲学家勒内·笛卡尔（René Descartes）。有时，它也简称二元论——将人类视为由两个独立部分组成，"机械化、物质化的身体"和"超自然、非物质的精神"。两者以某种方式联系在一起，显然，这是该理论最薄弱的环节，因为这种联系要求自然与超自然之间、物质与非物质之间存在相互作用。

很多人（今天的大多数人）支持二元论世界观，因为这种世界观是自然并符合常识的。（自然、符合常识的世界观，并不一定正确，如太阳围着地球旋转。）我们避免不了将"自己"看作是某种能掌控身体并能脱离身体的东西。我们不可避免地想象某种精神体（可能居于我们的两眼之间）在操纵拉杆控制我们的身体，大脑是中介。客观地说，大部分科学家相信二元论不存在，精神只是大脑的化学和电活动的表现。

需要强调的是，这种将人类视为"血肉机器"的理论无法通过科学证明。当然，今天的我们仍不能很好地回答意识的真正本质。如果二元论不存在，莱因说的精神能暂时脱离身体的理论就很难成立。

到了现在这个阶段，选择权在你手上。如果你接受二元论，那么，你可以设想莱因的机制有奏效的可能。如果你认为人类只是一种血肉构成的物理结构，被化学信号和电脉冲驱动，建议你排除这种可能性，因为它缺乏真实的基础。

心灵感应的最后一种可能机制是自然界的第五种力。目前，人类对宇宙最好的解释是将万物看作由通过的四种公认的自然力相互作用的粒子构成。四种力中，最明显的力是引力，负责物质大部分基本相互作用（如阻止你身体的原子下坠穿过椅子的原子的力）的力是电磁力。

剩下的两种力作用范围相对较小，大部分局限于原子核和像中子、质子这样的核粒子内。强力负责将被称为夸克的基本粒子保持在一起，夸克组成了质子和中子。强力还能阻止原子核中带正电的质子由于电性相斥作用飞离原子核。弱力是最模糊的一种力，但它很重要，它负责改变夸克的"风味"，产生给恒星提供能量的核反应。

目前，我们只发现了四种基本力，但物理学并未禁止第五种基本力的存在。确有存在第五种力的可能，我们暂且称其为"T"力吧，因为心灵感应（telepathy）的首字母是"T"。力可以在远处发生作用是因为物质粒子之间可以交换被称为玻色子的特殊粒子。例如，电磁力的载体是光子，而引力的载体据称是引力子，不过引力还可以被视为时空的弯曲，所以严格来说，引力和其他三种力并不是一回事。

如果"T"力存在，我们可以指望它的载体为"T"玻色子，它可以穿越空间——要么以光速传播，要么稍慢一些，使人与人之间的大脑

EXTRA SENSORY

进行通信。"第五种力"理论在一些 ESP 粉丝那里很受欢迎，它的主要问题与伊丽莎白·劳舍尔的虚拟维度相似——除了心灵感应本身，无证据能证明它的存在。

强力和弱力最近才被人们发现，部分原因是它们只在极短的距离内发生作用。与之相反，引力和电磁力在超远距离发生作用，我们很久以前就察觉了。如此，似乎作用距离越近越难被发现。按照这个逻辑，第三种远距离作用力除了在心灵感应发生之外不在其他场合出现，则令人费解。当然，也可能我们实施了正确的实验，那些"T"玻色子会现身——但就今天的情况，几乎所有的物理学家都认为它们是臆造。

撇开未知的力与机制不谈，量子纠缠也许能为心灵感应提供最可能的解释，不过它仍需要更健全和更实用的理论作为基础，这种理论将能从细节上描述心灵感应的原理，真正支持观察现象，前提是心灵感应真实存在。到底有无可靠证据支持心灵感应，让人们值得为之构建这样的理论？或者，像那些鄙弃布莱恩·约瑟夫森的人一样，我们可以直接地说，"心灵感应不存在，所以无需寻找原因？"

华盛顿·欧文·毕晓普（Washington Irving Bishop）是首批宣称自己拥有心灵感应能力的人之一。他拥有戏剧性的、不可一世的个性。毕晓普在 19 世纪 80 年代的纽约是一位成功的舞台演员，他与超自然现象第一次产生联系发生于自己与一位灵媒的共事期间，那位灵媒自称"读心者"。读心术是心灵感应的早期称呼，非常契合他的舞台。表演时，毕晓普会离开礼堂，由人仔细看管防止他偷看观众。回来后，他会找到在他离开时被人藏起来的物体，辨认出从一个名册中背着他挑选出的名字，并指认出舞台上表演的模拟案件中的"杀人犯"。

毕晓普并未声称自己与通灵者合作，相反，他将科学方法与自己的"读心"能力关联。他声称，这一能力是人类的心灵能力。现在，我们没有证据证明毕晓普利用缺席时偷看的手段耍诈，他似乎并未像其他一些舞台表演者那样在听众中安排"托儿"。但可以肯定的是，毕晓普当时应该是利用了一种聪明的舞台花招。

他使用的方法依靠的似乎是他表演中我未提及的一面。（在诸多对神奇心灵能力表演的报告中，这点常常会被视作漏洞——报告在描述事情经过时，通常会隐藏一些关键信息。）当毕晓普回到舞台上找一位真实的观众作为精神通信的作用对象时，他总会握住这名观众的手腕，或者用一个刚性的装置（比如一根手杖）与其接触。

不可否认，科学家经常会上舞台表演者的当，毕晓普的方法在他访问英国时曾接受过一群科学家的检验。科学家怀疑毕晓普以某种做法收集了作用对象一些无意识的身体反应。当毕晓普接近猜中正确答案时，可以根据对象的反应猜出隐藏物体的位置或者指出名单中的名字。

事实上，当这名听众（对象）被蒙上眼睛时，科学家发现他或她再不能将信息传递给毕晓普。如果他们真是以心灵感应的方式交流，信息传递将不会受到阻碍。这群科学家中，有当时顶尖的皇家协会（Royal Society）科学家弗朗西斯·高尔顿（Francis Galton）。他们还发现，用一条松散的链子替换手杖时，毕晓普也难以成功，这再次提示他在收集作用对象的无意识的微小运动。

尽管表演被揭秘，但毕晓普仍然继续给那些狂热的观众表演，他最后的一次表演极为离奇。1889年，33岁的毕晓普在纽约羔羊俱乐部（Lambs Club）表演时病倒了。次日，他被宣布死亡，他的遗体在24小时内接受了尸检。很不幸，他患有木僵症，这种疾病意味着他可能会偶尔进入假死状态。他的身上携带着一张卡片，记录着必须在死亡48小时之后才能作尸检，以排除他活着的可能。我们永远不知道毕晓普的最后一次表演是不是一次令人毛骨悚然的活体解剖。

学术界第一个涉猎心灵感应的大人物是约瑟夫·班克斯·莱因，我们将在第7章详细介绍莱因的工作。他在20世纪30年代所做的心灵感应研究有一个非常有趣的尝试，他曾尝试在杜伦（Durham）的杜克大学（Duke University）和朱纳卢斯卡湖（Lake Junaluska）两地间进行心灵感应通信实验，两地都在北卡罗来纳州（North Carolina）。在一组测试中，实验结果非常显著——总计200次测试，平均猜中率为2/5（期望概率为 1/5）。测试次数不算多，但足以让人们注意到这些结果的成功。另一些关于心灵感应和遥视的测试涉及的距离从 165～300 英里不等 \ ［甚至在乔治·泽克尔（George Zirkle）和他的未婚妻萨拉·欧贝（Sarah Ownbey）之间进行了测试，当他俩处于同一房间时测试非常成功］，但得到的结果与随机概率差异不大。

那些成功的测试与后来的测试相比，存在一处显著的差异。在成功的测试中，猜测结果的记录被接收者发给了发送者且将信息返回给莱因。当发送者和接收者分别将自己的记录发给莱因时，猜中率则降到了随机概率水平。尽管没有确凿证据证明欺骗的存在，但不由让人怀疑这些记录的诚实度。如果信息是在被修改后发出，那么，得到想要的概率将变得简单，完全不用窜改。

我们会在第 7 章重点介绍莱因的研究，我们现在知道，他的问题在于他的测试方法不严谨，总会有人怀疑过程中存在某种形式的漏洞——作用对象自己修改结果。此外，那 200 次成功测试应结合其他的长距离测试进行统计，结果更有说服力。

莱因的实验还存在一些其他问题，这个问题也一直存在于几乎所有的 ESP 学术研究中——这些实验检测的内容并不是我们通常所认为的心灵感应。《X 战警》（X - men）中的泽维尔教授很擅长心灵感应通信，他的通信方法是将语言信息从一个人的大脑传递给另一个人的大脑。大部分人描述的心灵感应事件皆如此，包括我自己的经历。但实际上，每一个实验室都在利用统计学方法寻找偏离随机概率的微小认知改变——我们后面会介绍，这种做法实际上不能确定实验中到底发生了什么。

加州大学戴维斯分校的查尔斯·塔特（Charles Tart）博士在 1976 年出版了一本书，记录了一些惊人的结果，这些结果有很大的希望为心灵感应提供可靠的科学证据。在书中，塔特声称心灵感应的测试结果远超随机概率。他相信他使用的一种电子系统可以去除可能的欺骗或自我欺骗的机会，而这种欺骗明显存在于某些早期的心灵感应实验测试。此外，他相信自己的系统能提供合适的反馈，激发任何内在的超精神能力。

塔特的实验设计包括一对相互联系的装置\［被称为"十选项训练器"（Ten Choice Trainer）］，该装置可从十个可能数字中生成一个随机选项。身处一个房间的发送者打开十张纸牌边上的一盏灯后，这个随机选择的数值便会显示。接着，发送者尝试将其看到的这张纸牌通过心灵感应传递给另一个房间的接收者。随机选择的目标数字再加上两人分隔在不同房间的设计，可避免发送者传递任何可能的视觉或听觉线索（无论有意或无意）给接收者，这种设计似乎是确保结果可靠的方法。

不幸的是，这个实验存在两个大问题。第一个问题出在随机数生成器上。如果数字序列（以及所对应的纸牌传递序列）是真随机（或者接近随机），那么，接收者将无法根据前面的数值预测下一个数字。如果在部分时间内存在某种办法做出预测，即使这种预测只能增加少量额外的猜中率，整个实验的结果也会错误地偏向于支持心灵感应能力的方向。

三个来自加州大学戴维斯分校的数学家查阅了塔特实验的原始数据。他们发现，作为测试核心的随机数生成器存在一个问题——数字序列中似乎很少有重复的数字。三位数学家分别是阿隆·戈德曼（Aaron Goldman）、谢尔曼·斯坦（Sherman Stein）和霍华德·维纳（Howard Weiner）。这听起来似乎是个小问题，但它会不可避免地影响结果的准确性。

现在，假设随机数生成器给出了一个"2"的值。如果生成器真是随机的，那么，下一个数字的选择则不应受到前一次选择的任何影响。简单地说，随机性没有记忆——一个数值一旦被选择出来，下一个数值的选择必须完全独立于上一个数值。下一个被选择的数字为"2"的概率，应与其他数字完全相等——本例为10%。但实际情况却不同，塔特装置中的数字序列很少出现重复数字。

看起来，像是组织测试的研究生犯了错。设计上，要显示下一个数字，他们必须按下手中的按钮。如机器出现与上次一样的数字，意味着

EXTRA SENSORY

受试者应传输的是与上次一模一样的纸牌，他们会误以为是自己没按好按钮。为了解决这个问题，他们会选择再按一次。就这样，糊里糊涂地使随机数生成器的输出结果偏离了随机概率。

就其本身而言，这个错误并不严重，但它会与接收者的认知错误相结合。即使那些精通概率学和统计学的人也会对随机数中出现相同数值感到惊讶。这种"赌徒谬误"正是大多数轮盘赌玩家在看到连续出现几个红球后会确认下一个结果大概率为黑球的原因——即使轮盘没有记忆，下一个出现的球为两种颜色之一的概率是相等的。通常，接收者因为赌徒谬误的存在，很少会猜下一张牌是重复的。如此，在数学上，确实增加了额外猜中率。

这个错误产生的后果会使心灵感应能力者的猜测如伪随机序列一样产生偏倚。显然，这会影响验证心灵感应能力的统计检验。测试假设不知情的情况下猜中的概率为1/10，但实际上，即便接收者未从发送者处得到任何信息，他也有1/9的机会猜对。他会认为，纸牌是上一张牌之外的九张牌中的一张。

上例中的伪随机序列和超精神能力命中数只是又一个"相关等于因果"思维的例子。后续对数据的分析发现，数字序列偏离真随机的程度与命中数显著相关。相关指两个统计量一起变化，但相关并不等于因果。例如，可能存在第三种因素导致两个统计量同时变化。本例中，塔特的结果对随机概率的偏离似乎极可能是由于数字序列的部分可预测性所致。

非常不幸，这个统计学谬误还非塔特实验的唯一问题。第二个问题是，塔特的装置还允许"参与者欺骗系统"——无论有意还是无意。

假设，接收者刚做了一个选择，选择了面前十张牌中的一张。接着，她按下控制面板上对应这张纸牌的按钮，并得到了这个回答正确与否的视觉或听觉的反馈。（这就是该装置的"训练"部分。）

同时，发送者在一个电视监视器上看着接收者。当发送者看到这个过程完成后，他会获得下一个随机数值，并按下面前对应纸牌边上的按钮。此时，接收者会看到表示"就绪"的灯亮起——这是除心灵感应外，发送者可以向接收者传递的唯一通信内容。鉴于此，他们之间是没有办法传递其他信息的，至少系统的设计者是这么认为。

然而，事实上，发送者仍然可以向接收者传递第二个信息，发送者可以利用该信息传递自己已作出的选择。重点在于，从接收者作出选择到表示下一个选择就绪的灯亮起的时间长度。这一时长，由发送者控制，并能有效地传递给接收者。如果俩人事先有串通，就能在事先设定好密码，用不同时间长度代表不同的纸牌。此外，即使不存在串通情况也有漏洞——如果发送者反复针对某些纸牌设定了不同的延时长度（即便无意），一段时间后，接收者很可能无意识地捕捉到这一信息，并提高命中率。

这种无意识的延时长度差异发生的概率不低。比如，某次系统随机选择了花牌，与简单的数字牌相比，发送者集中注意力的时间会显著加长。相似地，如果纸牌的数值从 1 到 10，一些数字也许要比另一些数字更容易显示。如果你观察塔特最好的发送者（他的一个学生）所使用的方法，就会知道这是完全可能的。这个学生描述，"自己在按下按钮使就绪灯亮起之前，脑海里固化纸牌图像时就像它飘浮在自己眼前一样"。存在一种可能，这个固化过程在面对大数纸牌时也许会花更长一些的时间，因为相比小数纸牌它更难视觉化。

塔特在弥补了这些潜在缺陷后重复了该实验，发现没有迹象能表明心灵感应存在——显然，经过改善后的同一装置得到的结果并不好。奇怪的是，塔特非但没认为这证明了最初实验存在缺陷，反而认为第二次实验并未让第一次实验打折扣，因为最初的实验结果太好了。客观来说，如果实验本身存在致命缺陷，即便结果再好，也没有意义。

今天，这种直接传递数值的实验以及莱因所做的一些传递纸牌简单图像的直观实验已渐渐失宠。自 20 世纪 80 年代起，业界兴起了一种检测心灵感应能力的新的实验方法，它有一个响亮的名字——"超感官知觉全域测试"（甘兹菲尔德实验，ganzfeld）。在介绍这种被很多人认为是最科学的心灵感应测试方法之前，我们有必要简单了解一下"梦"这种现象。

在研究超精神能力现象时，梦是一种值得考虑的自然对象。梦的超凡奇异性质与超自然现象"鬼魅"的一面十分契合，而梦似乎是在我们的精神最自由的时候产生的。从20世纪60年代起的十多年中，布鲁克林迈蒙尼德斯医疗中心的蒙塔古·厄尔曼（Montague Ullman）设计了一系列的梦境心灵感应测试。

一次典型的梦境测试会牵涉到一个发送者、一个接收者和一个实验人员。实验人员监视接收者，接收者要在实验室的观察下完成睡觉动作并不容易。当接收者进入做梦伴随的快速眼动睡眠（REM）时，实验人员会向发送者示意。发送者会打开一个封口的信封，拿出一张图片，这张图片便是心灵感应需传递的目标内容。在REM末尾，接收者会被唤醒并报告自己的梦境，接着再次入眠。每一次，当接收者进入REM睡眠时，实验人员都会用同一张图片重复整个过程。

第二天早上，接收者会被要求在一批图片（通常是8~12张不同的图片）中选择，哪一张最符合他的梦境记忆。接下来，一个评判小组会试着选择一张与梦境记录最契合的图片。一些测试（非全部）得到了显著的统计学差异结果，不过并未显著到接近50%的水平。这种测试通常都是这样，我们谈论的是低命中数情况。本例中，由于这些测试的强度较高，单次测试需要3个人花整晚的时间，所以这个实验的特点是测试次数少。

该实验的优势在于，如果很好地遵循了实验方法，且实验人员没有意识或无意识的偏倚，接收者和评委所作出的选择应是双盲选择。当时，很多其他的实验无疑缺乏良好的实验方法，除了要从传闻证据中确定控制条件是否严格外，困难还在于目标图片的模糊性。这些图片都是艺术作品。

为了能更好地说明这个问题，我们举个例子。迈蒙尼德斯的其中一次测试涉及用心灵感应传递马克斯·贝克曼（Max Beckmann）的画作

《下十字架》(Descent from the Cross)，这幅画描绘了基督死后被绑在十字架上的场面。在一个充满基督教文化符号的环境中，要与之产生联系的机会非常多，比如接收者成功接收的信息为梦到了温斯顿·丘吉尔(Winston Churchill)。这里，丘吉尔这个英文单词建立了缥缈联系——教堂(church，代基督教)、山(hill，代基督被钉在十字架上的受难地各各他山)。除此之外，同理，如果接收者梦到了某个名叫彼得或玛丽的人，或者梦到了木工、木制品、宗教、死亡、处决、《罗马书》或以色列……事实上，与基督教有联系的东西都可被看做成功。

在不写科普书的时候，我会给人培训商业创新。我教授创新方法的目的是让人解放思想，想出尽可能多的新点子。在20年的创新培训经历中，我发现有一种技巧在拓展思维方面尤为强大。在应用这个技巧时，我会使用一张随机挑选的图片作为刺激因素帮助参与者想出新点子。由于该技巧的效率极高，我会在每一堂介绍课程上都用同一张图片启发受训者针对同一个问题思考解决方案。如此，我总共作了数百次测试，即使每次我都用同一张图片作为同一个问题的启发因素，但毫无例外总有人能想出一个全新的主意儿。

这一例子完美显示了图片在生成广泛的联系和联想方面的强大，而联系和联想是思想的关键构成要素。如果你将图片的复杂性与人们详细叙述梦境的杂乱、冗长的特点相结合，几乎肯定会产生大量的关联，因为这正是图像的本质——图像擅长产生各样的联系。

这种模糊性在迈蒙尼德斯的实验设计中是不可饶恕的，因为设计本应限制主观因素，提供简单而直接的是或否的回答，并提供巨大的选择范围，可让人从中随机选择比如一个单词或一个数字。即便这个实验要求实验对象匹配目标图片，但这一过程还不够清晰且不严谨。

回到甘兹菲尔德实验的介绍，其仍是目前被讨论得最多的具备科学基础的心灵感应实验，我们以一个听起来更像科幻场景而非超心理学实验的例子作为开始进行介绍。在实验中，接收者被尽可能地与任何会产生干扰的外部感官刺激隔离开。实验人员用胶带将剖成两半的乒乓球盖

EXTRA SENSORY

在了受试对象的眼睛上，用红色灯光照射在乒乓球的塑料表面。同时，还用头戴式耳机给接收者播放粉红噪音（滤掉高频的白噪音，听起来更舒服），此时的接收者躺在一张活动躺椅上。

这种看上去令人不安的实验技术源自20世纪60年代，当时，它被作为一种能提供有限感官剥夺的方法使用。20世纪70年代，更多的超心理学研究者对其充满兴趣。这种技术的思想是，它能将携带信息的外部常规感官刺激减少至最低程度，让实验对象得以关注内在刺激（本例是心灵感应通信），颇像视觉剥夺有助于增强实验对象的听力的情况。使用这种怪异的方法而不是直接完全切断感官输入，是因为人们认为这或许能帮助实验对象集中注意力，完全剥夺感官输入通常会令受试者不知不觉地入睡。

当接收者被安排进入这种隔离状态后，发送者会得到一张随机选择的图片，并全神贯注地将其内容传送给接收者。接收者要花相当长的时间大声说出自己的感受，通常为30分钟。这段时间的末尾，接收者需要从4张图片中选出1张，4张图片中只有1张是目标图片。约瑟夫·莱因可能会指出这种测试存在缺陷，它无法区分心灵感应和遥视。但不管怎样，两种情况都需要显著的结果，如果没有阳性结果，两者的区分将没有意义。

预计从4张图片的选择范围里猜对1次的随机概率为25%。对于此类实验，只有样本数足够大才有统计学上的意义。与快速猜测一叠纸牌的牌面相比，这里存在一个明显的问题，甘兹菲尔德实验的过程太缓慢。传统的猜牌技术操作一百多次的时间，只够甘兹菲尔德实验测试一次。在统计了1944年进行的甘兹菲尔德实验后，人们发现，大量的实验只进行了不到20次测试。你可以将这种情况与莱因在20世纪30年代实施的数千次纸牌实验作比较。

回顾甘兹菲尔德实验，从良好实验规范的角度看，实验过程中的每一步操作都可能出问题。实验人员通常会尝试数种统计学方法分析数据，能得出"最佳"结果的方法会被选中。不成功的研究通常不会被报道（这种现象很普遍，发表偏倚），故而研究者倾向于挑选结果，成功的探索性实验会被计入在内而失败的实验会被忽略。再强调一下，心灵感应传递的信息通常是一张复杂的图像，甚至是一段视频，它会在接收者的图片匹配过程中引入令人痛苦的主观模糊性。

然而，甘兹菲尔德实验还有另一个问题：魔术师惯用的误导。我们对甘兹菲尔德实验中的接收者的形象印象深刻，她沐浴在红光之下，头戴耳机，眼睛被乒乓球罩住，隔绝了与外部的交流，她基本都躺在椅子上（如怀疑作弊，头戴的耳机里也许有无线电设备）。魔术师愚弄我们的花招通常是声东击西，他会在时间和空间的某一点强调控制条件的完备性，实际上却在时空的另一点耍花招。

我并非说甘兹菲尔德实验存在有意的欺骗，但接收者在摘下那些外观奇特的装置以及在4张图片中做选择的环节仍有很多机会存在常规交流方式介入的可能。比如，在图片被展示给接收者时，某个碰巧知道正确答案的人在场，且意外地将信息交流给接收者的可能的确存在。

在一些（非全部）版本的甘兹菲尔德实验中，这个环节中还有一个明显的漏洞——发送者使用过的那张图片（正确答案）包含在被展示给接收者的4张图片中，并未使用复制品。我们知道，被手握过30分钟后的图片，外观和感觉应与其他3张未被触碰的图片不同——纸张发生褶皱或出现指纹带来的污迹。不管接收者是否意识到了这点，它确实会影响选中答案的概率，因为它与其他图片的确不同。

接收者从4张可能图片（为何只有4张？）中进行挑选的设计毫无疑问是该实验的薄弱环节，此处很易出现信息与接收者难以绝对隔绝的情况。一般地，接收者一旦做出了正确选择，总会滔滔不绝地举出许多理由——人类擅长事后诸葛亮，总能找到办法在冗长含糊的词句与被挑选的图片之间建立联系。严谨地说，最需要重视的是确保这个环节不出现无意识交流，但这在大部分实验中很难被严格执行。

在这些基于统计学的实验中，实验结果对随机概率的偏离通常微小，所以一些小的影响就能产生预期效应。例如，假设目标图片不是被

EXTRA SENSORY

随机放入那 4 张牌中，而是以某种顺序或者总是放在纸牌的顶部。这样，就足以在可观次数的测试中产生具有统计学意义的结果。

还有另外一种可能：无辜的统计学效应也会犯错。在更科学的测试中，图片是通过随机数进行选择的，这样能避免产生潜在的偏倚。但它有一个要求，随机选择的次数要足够大。这里，我们举个反例，"假设这串随机数恰好会让某些图片被选择的频率高于另一些图片。如果我们使用的是相对较小的随机数序列，这种情况发生的概率就会大大增加。事实上，即使是较大的随机数，你也会看到一些值反复出现"。甘兹菲尔德实验每一次测试的时间都很长，这种特点使其倾向于鼓励使用相对较短的序列，前面介绍的弊端必然出现。

如果随机序列真的出现这种模式，那么，一些图片被用作目标图片的频率会增高。不幸的是，人都有偏好——当某人看着几张图片并试着选出"感觉"良好的那张时，他具有高概率选出特定的图片。当然，也许人与人之间的偏好不同，但任何实验对象都可能具有自己的独特偏好。我们需要做到的是，让实验对象在面对一张会频繁出现的图片时，只存在轻微的偏好。

这种错误并非不可避免。一个较容易的做法是提供海量的图片，且完全不重复。不过，即使如此，你也必须小心别偏向于使用了某类特定的图片。理想情况下，在甘兹菲尔德测试前，你要让实验对象完成另一次测试，以确定他们对不同图片的个人权重。此后，你将选择使用那些具有中性权重值的图片。更好的做法是，用更简单的图片，比如齐讷纸牌（Zener card）——只使用一些基本形状，但有多种变化。如此，这些图片也许比甘兹菲尔德实验中使用的复杂图像更有效率。因为复杂的图像很难清晰地辨认，也很难消除个体偏向性。

考虑到早期实验方法的缺点，后来的甘兹菲尔德测试则开始尝试严格避免上述的潜在问题。总结了 20 世纪 90 年代的该类测试后，人们发现，额外进行条件控制后，实验结果几乎均未偏离随机概率。另外一些人尝试了更严格地联系接收者的输出与输入内容，这些实验有时被称作自动甘兹菲尔德（autoganzfeld）测试。在这些测试中，实验人员先是让发送者观看一段视频，再让接收者连续说出自己感觉看到的内容。接着，实验人员会把接收者所说的内容和视频中的事件作匹配，寻找重合点。

自动甘兹菲尔德方法有两个问题。第一个问题，实验过程比原来的版本更昂贵且更耗时费力，而原来的版本已非常难用。实验人员必须逐秒地检查30分钟的视频和接收者的发言内容，寻找两者的相关点，然后将全数据进行某种统计学分析（看哪种分析方法适合产生值得考虑的结果）。这意味着成功的实验很难重复，测试次数也会非常少。

第二个问题，"不可避免的巧合"效应。我们在前面的艺术作品例子中介绍过这种效应，即使是非常短的视频片段，这种效应也会因视频中的诸多不同场景而翻倍。实际上，每人都在生活中经历过这种似乎不可能的巧合事件。一些是"植入"的巧合，你可以想想早期超心理学中的那个经典的超精神能力事例，"你走在一条马路上，想着一支曲子（人们常这么做），另一个人从你的对面走来。这人不但和你哼着同一支曲子，且哼到的歌词句子与你几乎相同。这绝对是自然条件下心灵感应的绝佳例子"。

事实上，这支特别的曲子恰好很流行。你往回走的路上会听到某台收音机播放了这首曲子，声音从一扇打开的窗户里传出。此时，你有了这样的意识。你开始发现，沿着这条路，你收听了同一个电台多次，声音都是从窗户里飘出。（这个例子可追溯到英国的电台非常少的时候。）"发送者"和"接收者"在无意识的情况下从窗户里听到了同一首曲子。

无需这种植入的巧合——真实的巧合事件也一直发生着。举个简单的例子——在意外的地方遇见了某个熟人。我至少经历过4次这样的事情。第一次，我在距离剑桥大约200英里的一个村庄过一条马路，碰到了我所在的一个小型剑桥合唱团的一位成员正从对面走来。第二次，我在牛津火车站下火车，站台正对面站着一位我从大学就认识的人，他所住的地方和我家隔了很多英里。

第三次，我曾在伦敦一个地铁站偶遇同事，当时我俩都不在伦敦工作。第四次，我曾在德国的一个机场碰到过同事。这些巧合让人感觉不可思议，不过，通常存在某些因素让这些事件发生的概率高过随机概率。此外，生活中的我们不会注意到千千万万自己未曾偶遇熟人的时刻。面对现实吧，你在酒吧告诉你的听众，今天你出门一天但并未在某个意外地点遇到任何熟人，这个故事不会打动他们。实际上，这是每天都在发生的事情。

再看看自动甘兹菲尔德实验，当你将两条详细的事件流放在一起（视频中的事件和接收者的口头叙述），必定会存在某些不可思议的巧合事件。例如，"在一次实验中，有一个场景是一个人摔倒在一片荒地。与此同时，接收者说自己接收到'有人面朝下摔倒在石头地上'的信息"。也许，这不如在一个陌生地方遇到朋友那么富有戏剧性，但仍然异乎寻常，令人费解。事实上，这种实验天生就存在巧合事件的可能，完全没有任何巧合发生反而不可思议。

与一个数字、一个单词，或一个简单符号相比，视频给发送者带来的是更丰富的信息，且接收者要一口气说出大量的印象。如果两者之间未产生可以匹配的点，那才令人惊讶。

看起来，甘兹菲尔德实验没什么优势，单次测试时间过长的限制意味着很难获得有效的数据。特别是在自动甘兹菲尔德实验中更是如此，因为要处理的信息太过复杂——相似的问题在很多遥视实验中同样存在。为了得到有效的结果，我们应寻找简单、清楚的非黑即白的信息。

我相信，如果实验必须涉及如此丰富且复杂的数据，实验人员一定犯了大错——因为噪声和信号很难分离，且巧合事件也会不可避免地被引入。不幸的是，他们还没有进行对照实验，对照是科学实验中非常重要的部分。

作为最后一个尝试寻找心灵感应能力的实验举例，我们需要来到1977年的波士顿大学物理学系。最奇怪的一次寻找心灵能力的尝试来自一位将会深度参与美国量子纠缠实验研究的研究者阿布内·希蒙尼

（Abner Shimony）。不过，不完全清楚他是纯粹为了检测心灵感应，或是心灵致动兼而有之。

我们在"薛定谔的猫"这个思想实验中已介绍过，理论学家尤金·维格纳提出粒子的量子状态只有在被一个有意识的观察者观察时才能确定。希蒙尼想，如果真是如此，应能利用这种效应制成一种非常敏感的心灵感应能力的检测器，它能去除普通实验中的人与人交流所产生的模糊性问题。

在他的实验中，发送者的房间有一个放射源和一个检测器，而接收者在另一个房间。理论上，通过选择看或不看放射性检测器显示屏，发送者能影响那个包括他自己和设备在内的量子系统的状态，产生接收者能检测到的效应。当接收者看着自己那个用一根延迟线连接到同一个检测器的显示屏时，能检测到这种效应。

实验并未成功，得出的皆是随机概率。不过，鉴于该实验是对量子理论高度推测性的解读，还推测性地假设该系统状态的改变会导致信息被接收到，这种结果并不完全出人意料。即使如此，它仍然是一个很有趣的实验。我们借此暂时离开心灵感应一会儿，是时候抛开影响他人心灵的小念头，去追寻那个大家伙了。强大的精神能战胜物质——心灵致动。

4　它动了

在一张经过仔细检查排除了作弊装置的桌子中央，放着一个磁铁指南针，灵媒坐在桌旁。"我准备仅靠自己的心灵力量，"他说，"使磁针动起来。"

他的双手在指南针上方挥动，此时，磁针随着他手的动作开始晃动，仿佛他的手具有磁性一样。之前，你检查过他的手，什么也没有，袖子也已高高卷起。他没戴戒指，也没戴手表，但你仍无法排除疑虑，或许他指甲下藏着金属粉末。

你用第二个指南针在他双手的周围绕动，但磁针未受到任何干扰。他是不是将磁性材料巧妙地扔掉了？"我可以看出你在精心控制条件，"灵媒说，"没关系——我喜欢让一切都清清楚楚。听着，接下来的做法对我来说更困难，但我会尽力一试。"他将一只手放在指南针的一边，接着说，"我将尝试在手完全不动的情况下，扰动这根磁针。"

你非常怀疑，故而紧盯着他的手，观察最细微的动作。灵媒的脸在施法时扭曲了起来，但什么也没发生。他做了第二次、第三次尝试，仍未成功。你可以看到，他手上的肌肉很紧张，因为他在强迫自己的手保持静止。看起来，他似乎要失败了。灵媒似乎准备开口，好像准备放弃。他甚至都没看向那个指南针，磁针却在最后关头动了起来。此时，一位观众注意到了这个现象，连灵媒自己也感到震惊。"看！"他兴奋地喊道，"看看发生了什么！"想必，你刚见证了一次心灵力量确定无疑的展示——心灵致动！

许多人在一生中某个时候都尝试过心灵致动——试图用意念移动远

处的物体。想着某件东西并能控制它运动，这个想法非常吸引人。伴随着《星球大战》长大的影迷们都有这样的想法，利用某种心灵能力让东西动起来——尤达（Yoda）大师用意念将一架X翼战机从沼泽中举起；绝地武士（Jedis）用意念召唤自己的光剑。这种感觉非常好，我们也许没有原力，但只需施加足够的心力就能让它们运动。

有很多方法可以伪造心灵致动（舞台魔术师们一直这么干），这让展示它变得危险——就像乌里·盖勒和其他很多人做的那样，使用一种可以被无形力量影响的装置（比如指南针）。磁力的关键在于，它的力量来源不明显，这也是指南针的特点。让指南针指向北方的磁力来自何方？我们现在知道，是地球的磁场。但很显然的是，这并不那么一目了然。

在上面这个基于真实案例的虚拟展示中，灵媒其实是在骗人，这种骗法在过去误导了很多旁观者。骗局的关键设定是，让观众的注意力完全集中于灵媒的双手。我们关注的重心是，确定他的双手在控制范围之内，甚至可以加上更多的控制手段——用手铐将其双手铐在背后。事实上，他身上至少还有另外三处地方能藏下一块磁铁或一块金属——嘴巴、鞋子，或者裤子的膝盖部位。不管藏在哪儿，当你将注意力放在他的双手时，他能用身体的另一部位影响指南针，导演出心灵致动。错误引导（misdirection）是魔术技巧里非常重要的一个部分，也是伪造超精神能力现象的常见因素。

那张桌子是场景布置中看上去非常自然的部分，作用是保持指南针的平稳，但桌子在骗局中也帮了大忙。例如，表演者可将自己的脚放在桌子下，如果磁铁藏在了鞋头，这个位置恰能让磁铁发挥作用。当然，磁铁也可能藏在他们的嘴里。我们知道，灵媒都喜欢在施法时扭来扭去。因为通常情况下，我们的注意力会完全集中于他的双手上，灵媒只需保持双手不动即可。这个过程中，我们通常不会将他的头部运动与指南针的跳动相联系。在审视心灵致动时，这样的情况需要特别注意。

与心灵感应只涉及信息传递相比，心灵致动有一些更实在的东西，是升级版。心灵致动要求有一个力施加给一个物体。这意味着有相当大的能量从一处地方传递到了另一处，故而必须将基础物理学考虑进来。例如，牛顿第三定律规定的大小相等、方向相反的反作用力去哪儿了？根据牛顿力学定律，当我们推某物时，会有一个大小相等、方向相反的反作用力反推自己。如果，有一个心灵之力被施加到了某物上，那么，反作用力作用的对象是什么？

实现这一点的关键是能量。掌管能量转移的热力学定律是所有物理学定律中证据最充分的。然而，如果心灵致动能力真实存在，那它势必会扭曲（甚至是打破）热力学定律。移动物体的能量从何而来？《星球大战》电影里的角色可以使用一种虚构的无所不在的原力，但如果真想在现实中实现心灵致动，我们需要这种能量的真实来源。原则上，它应汇集于我们的大脑。大脑的能量需求很大，大约为人体 100 瓦特总能量输出的 20%，不过大脑似乎只会以热形式泄漏能量。为了实现宏观尺度、可见的心灵致动，能量要么必须来自环境以冷却被移动物体周围的分子，要么必须以某种方式从大脑传输而来。

诚然，电磁波可以传递一定的能量穿越空间，但这种水平的能量会非常快速地衰减，这也是为什么像电动牙刷充电器这样的感应式充电系统在充电时牙刷必须接触到充电器的原因。科学上，在空间中，你确实可以让电传输得比这更远——"我们可以在晚上用一根长日光灯管做一个绝佳的展示，将这根管子放在一根架空高压电线下面，一头扎在地上。即使没有电线连着，这根灯管也会亮起，电来自灯管两端由高压线感应生成的电压差。（因为灯管距离高压线很近）"

这种电力传输方法是电气工程师尼古拉·特斯拉（Nikola Tesla）的梦想。同时，特斯拉相信电力能通过空气传输至几百公里之外，但他的梦想并未实现。要在远处产生感应电流需要超高的电压，这种高压与大脑里的微小电流完全不同。所以，用电磁解释心灵致动所需的能量很难成立。《X战警》电影和漫画里的角色"万磁王"能通过操纵电磁场实现某种心灵致动能力——但不幸的是，在现实世界，得到这种电磁力可不容易。

一些超精神能力研究者相信，心灵致动是自然界第五种力的作用。但如果在除了心灵致动事件之外的其他地方皆不能发现这种力，实在不可思议。一些人面对这种明显缺乏解释机制的现状，走了另一个极端，你需要拓展想象力才能将他们所研究的东西与精神影响物质联系起来。在对普林斯顿 PEAR 实验室的研究工作的介绍中，我们将看到，有些人试图在量子水平实施心灵致动。在量子水平支持心灵感应的同种量子机制也可能改变电子设备的量子态，例如，让一个随机数生成器发生变化。

不过，这和我们一般认为的心灵致动不是一回事儿。目前，我还没看到哪怕一个支持宏观尺度的心灵致动的机制。当然，这并不意味着它不存在。以暗能量的机制为例，目前尚无令人信服的解释（暗能量支持宇宙膨胀），但这并不意味着暗物质不存在，宇宙没在膨胀，我们无法讨论。那么，实验性质的心灵致动研究到底观察到了什么？

研究心灵致动最早的一次科学实验使用了一种非常敏感的方法，它试图用心灵致动能力触动一台精巧的分析天平，天平可以量千分之一克的重量。实验人员是物理学家兼灵媒爱好者威廉·克鲁克斯爵士（Sir William Crookes）。今天，他最知名的成就是克鲁克斯辐射计（Crookes radiometer）。这种辐射计由一个内含一组叶片的封闭玻璃灯泡组成，叶片一面可以反射辐射，另一面可以吸收辐射，两面温度会出现差异。如此，叶片的一面受到的灯泡内扩散空气分子的压力会大于另一面，从而发生转动。

巧合的是，因为辐射计可以在未被碰到的情况下动起来，所以常被用来作业余的心灵致动测试。不过，如不控制照在该设备上的光，这种测试很难实施，因为光可通过自然途径（与精神无关）对辐射计产生影响。严格地说，测试用的辐射计应将叶片的两面都涂成同样的颜色，并在强光下进行测试，以确保没有自然因素使其发生转动。

在实验中，克鲁克斯试图用意念触动分析天平，失败了。当约瑟

EXTRA SENSORY

夫·莱因的实验室尝试测试心灵致动时，出于某些原因，研究者使用了一种更间接的机制。这种机制就像他们在心灵感应和千里眼实验中尝试的一样，依靠统计学结果确定效应存在与否。这在心灵感应实验中具有可以理解的方便性，但很难理解研究者为何未采用移动某些极轻物体的实验程序。这种方法比实际上用的方法更明确。

莱因的实验牵涉到的是以意念影响掷骰子的结果。事实上，用大脑构思这种复杂机制比仅用意念移动物体更难。在这里，心灵操控者必须得想办法感知骰子的滚动方式才能对其产生影响，使其更偏向于某种结果被掷出。显然，这似乎要求操纵者对骰子的位置拥有高度的精神感知。此外，除了拥有移动骰子的能力外，还得有计算骰子在滚动时的动态变化的能力，这是一种更复杂的超精神能力。如果这种能力真实存在，一定是一种超人的能力。

实际上，莱因的实验的确在多个场景下证明了人可以影响掷骰子的结果。全世界的赌场并未因此感到恐惧且颤抖，他们对此漠不关心，这也客观揭示了人类无法影响掷骰子的结果。显然，多年来数以百万计的赌徒并未能成功地用意念影响掷骰子结果令赌场蒙受损失，很难想象人们能用这种方式影响骰子。故而，没有赌场会为此而担忧。同时，这个实验的设计如同莱因所有的实验一样，也有致命缺陷，大部分实验都没有对照。

我们来看看杜克大学莱因实验室一位名叫弗里克（Frick）的研究生做过的一次真实试验。弗里克扔了 52 128 次骰子（必须承认，这种工作量是一种奉献），试图用意念影响骰子的结果使其变为"6"。根据完全随机概率，掷出"6"的次数应该是 8 688 次。实际上，结果为 9 720 次（多出了 582 次）。显然，用随机性无法解释多出来的次数，弗里克似乎真的影响了骰子。也许，他应奔向拉斯维加斯大赚一笔，从此狂欢作乐。和其他的莱因试验不同，弗里克做了一次对照试验，这非常重要。

在对照试验中，弗里克掷出了同样的次数（这次，他要么是试图掷出"1"，要么是试着避免掷出"6"）。这对实验是个重要的补充，因为没有对照，他前面得到的理想结果皆可归因于骰子本身的偏倚。如果你考虑一下骰子表面的凹陷数目，你会较容易地得出，骰子结果通常轻微偏向"6"的这个结果很好理解。骰子"6"的一面总为"1"的反面，最轻的一面与最重的一面相对（图案凹陷处被敲除的木头或塑料更多）。如果骰子轻微倾向于以最重的一面朝下停止，即会出现"1"在下方，"6"在上方。纯随机的情况下，在类似试验中，人们通常会试着用意念影响骰子掷出"6"，或者正是因为他们知道"6"是"最佳"结果。

弗里克的对照测试的结果如何？这次，他得到了9 714个"6"——再次超过了随机概率的期望值，多出了576次，与第一次试验近似。奇怪的是，弗里克的结果出来后，莱因和他的同事不愿接受，他们认为弗里克做错了。

他们的解释如下：一旦你被告知不要去想一样东西，就很难避免不想它。你可以试试，花30秒时间不去想一只北极熊，结果你会不可避免地想到它。莱因和他的同事认为，弗里克在对照实验中无意识地影响了结果。他试着不去想"6"，却恰恰确保他想到了"6"。

毫无疑问，心灵致动是舞台魔术师的最爱，故而在表演时需要特别注意将表演者与待移动的物体隔开，杜绝两者间的物理联系。至少，会在中间设置一个玻璃屏。今天的很多人都知道，有人会使用空气射流制造类似的戏剧性效果。看似不可思议的意念搬运物体的展示，到最后却被证明只是隐藏的吹风效果——这种做法聪明且富有技巧，但绝对和超自然无关。

这种表演是有前科的舞台表演者詹姆斯·伊德里克（James Hydrick）的特长。他有两个标志性的心灵致动花招，他曾在20世纪80年代早期表演过多次：让一支悬吊在桌边上空的铅笔转动，以及凭空让一本像电话册的书自动翻页。我看过他的表演视频，确实令人印象深刻。

从伊德里克的表演开始，人们发现，如果不采取措施防止表演者用风吹动物体，舞台魔术师将能轻松地重现。实际上，魔术师及职业打假者詹姆斯·兰迪也展示过凭空翻页的能力——为防止书页被气流吹动，将书用一个钟形玻璃罩罩住，他们通过玻璃罩底一个狭窄的裂缝成功地用气流吹动了书页。有意思的是，兰迪在书页上撒了一些极轻的泡沫塑料。加上这一限制，伊德里克再也不能表演了——尝试吹风翻动书页，泡沫也会被吹走（非风致书页翻动时，泡沫也会跟着翻起，但不会被腾空吹走）。

一位真诚相信某些超心理学现象存在的魔术师丹尼·科勒姆（Danny Korem）拍摄了伊德里克的表演。科勒姆练习了很难被人察觉的吹气技巧，用一股气流复制了伊德里克的表演。其他的表演者比如乌里·盖勒虽然对科勒姆的技术赞赏有加，但他们指出自己的技术完全不同。他们说，"不能因为某位魔术师能复制磁铁效应，就说磁性非真，磁铁不存在"。不过，伊德里克坦白了一切，他承认自己为了吸引眼球伪造了这些能力。

我在很多年前看过一部关于超自然能力的电视纪录片，纪录片里的一位科学家说，"毫无疑问，任何具有这种能力的人只会让自己成为研究对象，而不是舞台表演者"。

不过，对我来说，这种说法只显示了这位科学家的不谙世故（我忘了这位科学家是谁，也许是理查德·道金斯）。想一想，一位真正的超精神能力者会做出何种选择，"出名并赚大钱"还是"让自己的大脑在实验室里接受实验"。如果你拥有这种能力，你会如何选择？

归根到底，心灵致动将想象力拓展到了极限，因为它要求精神力与远处的物件建立一种联系，这显然需要耗费大量的能量。

我们非常清楚，必须存在某种传输这种能量的机制才能让心灵致动得以发生。

虽然心灵致动还有很多问题未被解开，但它并未打破时间的界限或者扰乱因果联系。现在，我们谈谈最戏剧性的超精神能力——预知，这种能力认为人类的思想可预见未来并在事件发生之前侦测到它们。

5　预知未来

1990年5月3日，按照日程，我应赶一趟从伦敦飞往拉斯维加斯的航班参加一个贸易展览，这也是我在英国航空公司（British Airways）新技术部的部分工作内容。作为航空公司员工，我经常搭乘飞机，也很享受这份经历。就在那年的情人节，为了帮朋友和亲戚们代寄神秘的情人节贺卡，我飞遍了不列颠群岛的各个边境［苏格兰北部的设德兰群岛（Shetlands）以及靠近法国海岸的南部海峡群岛的泽西（Jersey）］。

在飞往拉斯维加斯的前一天晚上，我在冷汗中惊醒，我感觉到次日的航班将会坠毁，我感觉自己预见了未来。作为一个具有科学背景的人，我从不相信预知——看见尚未发生之事的能力。但这次，我感到非常不适。我内心深处知道，自己的这种感觉没有科学基础。然而，直觉仍然提醒我，坐上那次航班将抵达不了大西洋彼岸。

一位体贴的上司允许我搭乘另一次航班——当然，我本应坐的那架飞机并未发生空难。但那种知道将会发生什么事情的感觉却不可思议地强烈。当时，我深感一个可怕的故事即将发生，但由于它并未在事实上成立，我未向任何人提及。直到今天，我也没谈论过此事（除了我的上司）。但如果当时发生了什么？显然，这件事有可能会泄露出去，被公众知晓。事件发生后，我可能会告诉很多人，我曾做过一次令人害怕的预测，我甚至还能找出一位证人为此证明。

这就是预知的第一个问题：对于证明其有效性的传闻证据，不可避免地存在自我选择。很多人都想过，什么事情会发生（无论好坏），但通常这些事情并未发生，他们又很快忘掉了自己的预测。

EXTRA SENSORY

但在一些小概率的情况下,这件事真实发生了,预测就会被提到台前。看看下面这个例子:数百万买了乐透彩票的人都曾幻想过自己赢得大奖的美妙时刻,不过,绝大部分人最后都以失望告终。同时,一定会有人得奖。对得奖的人来说,"预知"获奖是一个值得讲述的故事。其他失望的几百万人不会跳出来传扬自己也有过赢得乐透奖的预测……事实上,当百万分之一的那个获奖者恰好提前想到了什么且事情真实发生了,我们会为此震惊。

据说,尤吉·贝拉(Yogi Berra)、尼尔斯·玻尔(Niels Bohr)以及其他很多人都曾说过,"预测是困难的,特别是关于未来的预测"。预测能力是指,能意识到即将发生的事情并能提前看到即将发生的事。当然,曾有很多人宣称自己能预测未来,无论是诺查丹玛斯(Nostradamus)以及他极模糊的预言,还是天气预报员的预测。大部分人其实只是在猜测,要么靠直觉,要么靠科学模型。预知与猜测不同,它是一种能精确预测未来的能力。

看上去,这立马排除了预知的可能性。我们习惯于将未来视为一个"未知国度",该词来源于莎士比亚,被用作了第六部《星际迷航》电影的片名。但事实上,莎士比亚并未说未来是未知国度,他说的是死亡。过去已定,无法更改,但未来还未发生,所以未来由无数种可能性以一种变化的混乱模式构成。

科学家知道,永远不要说"不可能"。物理学定律并不阻止时间旅行。原则上,存在某些机制允许信息从未来传到过去,给某人以预警,只是这种机制要求我们调用相对论。将信息发往未来最容易的办法是将其放入一艘太空飞船以极高的速度发射出去。但反过来,将信息发往到过去则需要使用广义相对论,通常需要大尺度的引力,做到这点非常困难。

从构想一个实用的时间机器(通常涉及操纵中子星或太空中的假想虫洞)突然切换到最普遍的预知方法(只靠思考未来就能感受将要发生什么)有点跳跃——前者需要大规模操纵物理宇宙,后者只需进入合适的精神状态。

或许，最接近为预知能力提供解释的科学理论是提前波的理论。这个概念来自麦克斯韦（Maxwell）的方程组，该方程组优雅地描述了光作为电磁相互作用的本质，麦克斯韦从中得到了不止一个解。这里，举一个大家都熟悉的简单例子。

$$x^2 = 4$$

x 是多少？你的第一反应可能是 2，因为 $2 \times 2 = 4$。你说对了！不过，我们知道，还有一个解是 -2，因为 $(-2) \times (-2)$ 仍然等于 4。相似地，麦克斯韦描述光的行为的方程组也有两个同样有效的解。一个解产生了通常被称为"迟滞波"的现象——迟滞波是我们熟悉的光波，从光源发射出来前往目的地的波。另一个解是"提前波"，提前波从光的目的地离开，回到了光源，在时间上逆向传播。

除了可能的预知能力之外，我们并没有直接实验证据能证明提前波的存在。长期以来，它都被当作数学上的特例而遭到忽略，只剩下我们熟悉的迟滞波。一直以来，都有科学家对这种解读方式感到不快，"你不能从一个理论的多个方面里挑挑拣拣以选择合适的，要么理论有效，要么有错"。提前波的支持者辩称，"这些波必须存在，只是我们暂时无法检测"。

两位伟大的美国物理学家理查德·费曼（Richard Feynman）和约翰·惠勒（John Wheeler）是认为提前波存在的首倡者，证据是原子中的电子有令人尴尬的发射光的方式。无论什么时候，物体发生发光现象，该物体中的电子的能级会下降，每个电子会发射一个具有对应能量的光子。当光子被发射出去时，电子似乎会像枪支在发射子弹后一样发生反冲作用。然而，这在量子物理学的水平存在一个问题。如果你计算一下，由于牵涉到了怪异的"自作用"，量子理论预测测量值应变成无限大。

EXTRA SENSORY

原子中的电子一直在发射光子，我们的现实世界也并未因这些无限值发生崩溃。所以，对于这种明显的原子反冲现象，肯定有另一个解释。惠勒和费曼提出，存在一种提前波光子，它在时间里逆向朝原子奔去，正是这种光子的作用造成了"反冲"。这种认为粒子会在时间里逆向运动的机制在量子理论中相当常见，不过没人能确定这种时间逆向旅行是真实存在还是仅是一种有用的惯例。

目前，尚无明显的方法可以将提前波的概念和预知能力联系起来。基于费曼和惠勒的理论，使用提前波与过去进行通信是有可能的。不过，这会牵涉到将信息发往某个方向，该方向的远端不会吸收光子的情况。在传播路径上设置吸收体，可以造成提前波的变化，从而将信息逆向传播到过去。这种可能性非常渺茫，但提前波的存在确实给了我们一些提示，也许，存在一种机制使预知能力真实存在。

由于预知能力会牵涉到时间常规方向的干扰，这种深奥难解的性质让那些专门研究超心理学的人也感到困惑。心理学家琼斯·E.伯恩斯（Jean E. Burns）对超精神能力的兴趣浓厚，他评论，预知实验并未发现预测经典随机事件（如扔硬币）和预测量子随机事件之间存在任何区别，后者的发生是真随机且不可预测。

他说，"预知能力对量子随机事件和经典随机事件似乎一样有效，原因尚不可解"。这种观点认为，预知与洞察未来无关——如果我们能看到未来，那么，量子随机事件就应该已经发生，也就不再不可预测。相反，伯恩斯似乎将预知视作从已知知识中预测未来的能力。就像高精度的天气预报，原则上，它在经典物理学中是可以做到的（不过，通常没有可行性，因为系统太过复杂，无法预测结果），但在量子世界里却不能。

目前，我们对预知能力的体验最常见的来源是传闻，传闻证据最大的问题是它依赖于人类虚假的记忆。我们一天要思考大量的事物，我们要体验数以百万计的微小、琐碎的事件。当某个我们认为自己可能预测过的事件蹦出来时，我们对该次预测境况的回忆是具有选择性的，我们会选出未来事件确认了的细节，而忽略预测错误了的方面。在我们的记忆中，无数事物起起伏伏，等待着某些联系将它们暴露出来。

当预知以梦的形式（这是整个人类历史中最常被用来预见未来的方式）出现时，甚至会有更多的因素参与进来。研究提示，大约80%的回想梦境是负面的。

更有趣的是，其他研究者发现了一个或许并不完全令人惊讶的结果——我们经常会梦到自己正在担忧的问题。如果你即将参加一个非常危险的活动，对未来的担忧也许会触发"令事情变得糟糕的噩梦"。如果事情真变糟糕了，回想起来，这更像一个预知之梦。此种情况下，因果联系就不是一条从未来发回给你的警告信息，而是对可能未来的期望。这种期望在时间里以正常方式前进，只是有时会恰好与真实事件符合。

虽然时间旅行并不违背物理定律，但将一条信息发往过去（这是预知能力的要求）所要求的技术或许将超过人类下一个千年的科技水平，且似乎不太可能自然发生。当然，只要人类文明存在，先知和预言家们就会存在。本质上我们希望知道未来，故而人们试图预测未来不足为奇。

抛开其他不谈，至少，一次成功的预测就能让预言者掌握更多的权力。我们经常在小说里看到这样的情节："一个恰好知道日食何时发生的人即将被一个迷信部落的人处死。此人利用自己的能力预测了未来，使自己看上去似乎能控制自然。"又比如，如果熟悉基本天气知识的萨满和祭司利用这些知识制造了一种他们能影响天气的印象，就能增加他们在部落里的权力。曾经，制造先知印象是提升个人地位的有力工具。

毫无疑问，最著名的大规模预知的例子是诺查丹玛斯预言。这位16世纪的法国作家［更准确的名字是米歇尔·德·诺斯特罗达姆（Michel de Nostredame）］撰写了一本预言书。据称，该书显示，他预见了一切，从希勒特的兴起到刺杀肯尼迪（Kennedy），甚至到世界末日。但是，像很多传统预言一样，诺查丹玛斯的预言非常模糊，几乎想象不出哪些情境是他无法预测的。

EXTRA SENSORY

诺查丹玛斯通过编造大量模糊和时间不详的预言，几乎不可避免地成为了赢家。诺查丹玛斯的预言并未成功预测过任何一件尚未发生的事情，所谓的成功无外乎事件发生之后将预言书里的段落牵强附会地关联。事实上，这些事后诸葛亮的联系通常微不足道。例如，与希特勒（Hitler）联系起来的段落包含了"Hister"这个词，细心人会发现这不同于"Hitler"，但确实很接近。客观地说，很少有诺查丹玛斯的解读者愿意指出这个名字曾是多瑙河（Danube River）的旧称。

如果要回想一个比诺查丹玛斯预言更现代的版本，映入脑海的可能是电影《少数派报告》（*Minority Report*）里的"先知"，他们的预知能力更具戏剧性。甚至，这种能力没有绝对的确定性——少数派报告这个名字指的就是三个先知中的某一个对未来的不同看法。电影描述了有天赋的个体可以详细预见未来的犯罪，使该次犯罪被阻止。真实的预知能力实验倾向于搜寻更平淡的能力：受试者在看到一幅图画前，预测对画的情感反应，这更接近于蜘蛛侠的蜘蛛感应能力，而不是我们通常所认为的预知未来。

20世纪对预知能力最清晰的鉴定可能来自迪安·雷丁（Dean Radin）的工作，他的研究在拉斯维加斯的内华达大学（University of Nevada）展开，成果恰好可用在赌城的赌徒身上。雷丁和他的团队给实验对象展示了一些图片，同时监测了他们的生理反应，正如所料，实验对象对"平静"图片的反应和刺激情绪的图片存在不同。有趣的地方在于，实验对象是在图片被显示在屏幕上之前的那大约1秒钟的时间内出现针对两种类型图片的反应差异。雷丁在报道其他实验的成败上出现过某种选择性，所以这个实验到底记录了什么结果尚存疑问，但他的实验可与十年后进行的一些毋庸置疑设计良好的实验放在一起作讨论，因为这里发生的事情需要进一步研究。

很多20世纪的预知能力实验设计得很糟糕，毫无意义，但2011年出现了一些惊喜。当时，康奈尔大学（Cornell University）受人尊敬的心理学家达里尔·J. 贝姆（Daryl J. Bem）发表了一篇论文，似乎发现了真正的预知效应。贝姆使用了公认的研究人类行为而不是超精神能力的心理学实验方法，但他做了一些调整，扰乱了时间线，使得必须存在预知能力才能让实验产生显著结果。

贝姆使用了9种不同的实验。将所有结果综合后，他发现，结果提示预知能力存在且足够显著。纯随机情况下，这种结果发生的概率只有一千三百四十亿分之一。这是一个有力的证据。为了理解发生了什么，我们需要更好地了解实验本身以及产生这些显著结果的分析方法。

在一个实验中，实验人员在电脑屏幕上给一组本科生展示了两张窗帘的图片，其中一张窗帘的后面藏有一幅画，另一张窗帘的后面则是一面白墙。学生的任务是在屏幕上点击他们感觉后面有画的那张窗帘。偶尔，这幅画会是一张色情图片。因为实验中窗帘后面并无真实的画，只是电脑屏幕的像素，所以这只会检查预知能力而非某种形式的遥视能力。如果学生的表现高于随机概率50%，似乎可以表明他们能预见未来。

实验结果令人印象深刻。对于非色情画，学生们的选择如你的期待，非常接近50%。对于色情画，他们的表现高于随机概率，正确率为53.1%。当然，这并非多大的提高，多做几次测试，也许会变为随机概率。根据试验次数来看，这种事情在无原因的情况下发生的概率只有百分之一。单独的这个结果不足以证明任何事情（概率太高）。例如，2012年，欧洲核子研究组织（CERN）宣布大型强子对撞机发现了希格斯玻色子（Higgs Boson），这个结果要求具有"5个西格玛"的概率，这种发生概率在无原因情况下大约是两百万分之一。

在另一个实验中，参与者必须在互为镜像的两张图片中进行选择，即简单地选择他们"最喜欢"的那张图片。当学生们作出选择后，系统再选择。故而，任何一张图片的选中率偏离50%都提示了参与者提前知道了系统将要做出的选择。实验统计结果得出了微小的偏离——本例为51.7%的选中率。因为试验次数较多，所以纯随机发生这种结果的概率也接近于百分之一。

EXTRA SENSORY

还有一个实验基于经典心理学测试——"启动实验"（priming）。在测试中，受试个体被要求决定一张图片是令人愉快或是令人不快。在做出决定之前，一个单词（其本身的含义可能是积极或消极）会短暂地在屏幕上闪过。如果这个单词与受试个体当时的情感契合，受试个体对图片产生的反应会明显快于不契合的情况，因为他"被启动"了。实际上，受试个体的大脑预先进入了一种特别的模式，在不契合的情况下，切换模式再去判断显然需要消耗更长的时间。

这是一种非常有价值的心理学工具，因为它有助于心理学家评估某人是否诚实。例如，假设我想知道某人最喜欢哪种品牌的巧克力。实际情况是，他也许更喜欢便宜、批量生产、高糖的品牌。但为了自己的形象，他说自己喜欢公平交易的高古柯含量的品牌，因为会被多数人认为是更成熟的选择。显然，启动效应的反应实验会出卖他，因为他对图片的反应是基于自己的真实情感，而不是基于他说的话。贝姆所做的调整是，让启动单词在受试者做出决定之后再闪现，他发现的这种做法似乎仍然存在启动效应。

贝姆还修改了一系列研究适应（适应指反复暴露在刺激性图像后刺激程度的减少）、厌倦、记忆行为的实验，使这些实验能在参与者预先知道某些信息时检测到效应。最终，他发现，除了一个实验外，他做过的所有实验都得到了具有统计学意义的显著结果。

这里似乎真发生了什么了不得的事情，不过，我们对细节必须谨慎。如果某个参加图画位置测试的参与者每次都成功辨认出了"后面"藏画的内容，我们会思考隐藏其后的真实原因——要么她具有预知能力，要么她在作弊。这里，我们应对的是一个得到了 53% 正确率而非 50% 随机概率的情况。在这种情况下，唯一值得怀疑的是，分析数据的统计学方法是否有错误，或者实验设计是否存在缺陷。相对于随机概率的微小差异似乎更像系统噪声，而非真实差异。因为，实施或分析的方法犯了非常小的错误，也能产生这种结果。

贝姆仔细思考过一种可能性，其他的研究者并未注意到，即选择的随机性问题。图画位置测试依赖于参与者猜测两张窗帘中哪张后面藏有图画。这点必须是随机发生的，色情照片的分配也如此。就像心灵感应测试依赖于传递的目标是随机选择一样，测试时使用的总序列以及真实测试中的子集序列必须均为随机，不可包含任何明显的非随机序列，这是关键。

为了说清楚为何必须如此，我们以一个特别糟糕的随机数生成器为例，该生成器每次都选择将图画藏在右手边的窗帘后。我们在心灵感应训练器的例子中知道，人类本身并不善于随机化，人性倾向于偏好某一边。例如，若多数人倾向于稍微偏爱右边的窗帘，而生成器恰好选择图画藏在右边的窗帘，则必然表现出不真实的结果。

当然，在现实中，没有实验人员会如此设置随机位置。但如果对位置的选择存在一些更细微的模式，这些模式极可能会被参与者无意识地识别。比如，他们的猜测选对了，窗帘会打开并将画露出来，他们有机会识别这种模式。（我不知道窗帘为何要立即打开，事实上，如果窗帘不打开，参与者则无法识别任何模式。）

参与者能识别看似随机模式的序列的细微变化，这不仅是推测，而是超精神能力实验的研究者必须牢记在心的问题。大约70年前，有人进行过一个研究，给受试对象展示一系列符号。每一次，显示的符号要么是字母"H"，要么是字母"V"。某些批次的试验是随机的，但其他的试验会更频繁地使用其中某个符号，或者在符号出现的次序上呈现出某种模式。后来，参与者不再随机猜测，而是选择适应次序的变化，无意识地识别了模式或者增加了猜测某个符号的频率，猜中率随之升高。

为了将这种可能性消除，贝姆使用了一种随机数生成器代替受试对象进行猜测。随机猜测的结果似乎与人类对象的观察结果没有相关性。事实上，应检查一直猜某张窗帘，或者轮流猜左右窗帘，是否会产生比随机概率更好的结果。就此问题，我问过贝姆博士。他指出，人类极不善于随机猜测，关键在于显著阳性的结果数据人造的可能性极大。为了产生阳性结果，人类一直猜同一张窗帘，或者轮流猜左右窗帘，这种做

EXTRA SENSORY

法会将这个问题突显。

还有一种合理的做法，用一个能识别模式的人工智能程序，看该程序能否获得比随机概率更好的结果。这可不是件简单的事，可能会超出心理学系的编程能力。这个实验似乎是高强度实验，你比对的是细微统计学差异，必须非常小心。如果人工智能程序也得到比随机概率更好的结果，它可能是发现了人类无意识情况下识别出的某种模式。

当然，你也许会好奇，为什么会存在序列非真随机的可能。在当时，存在随机序列生成问题是可以理解的，那时的实验人员依赖于糟糕的随机数源（比如洗牌）。任何一位魔术师都能告诉你，通过洗牌得到你想要的牌并不困难。我们都体验过失败的洗牌，不过，今天的我们拥有了电脑。

例如，任何装有 Excel 软件的人都能调用"RAND（）"函数。根据 Excel 的帮助文件，此函数能给出一个均匀分布的随机数，非常简单。上升到更严格的高度，Excel 的随机数函数也是"伪随机数生成器"，因为它生成随机数使用的是相对简单的算法。这种算法的确能生成跳跃的数字，但却非真正的、不可预测的随机数。

最简单的伪随机数生成器通常以一个简单的初始值开始（这个初始值也称种子数），然后使用一个公式基于种子数计算出第一个新数值。接着，它会将刚才计算得出的新数值继续代入前公式计算出下一个新数值。数学上，使用某个公式生成一段看似随机且在很长范围内不重复的序列并不困难。需要注意的是，如果数列中出现了同一个种子数，这种生成器会产生完全一样的结果，所以这并非真随机。同一个种子数总会生成同样的结果，故而生成器决不能产生出相同的种子数，避免结果被锁定。

完美的随机数生成机制，也许需要给系统内置一个可测量某个真随机物理结果的装置。这里，我们以一个放射源发射粒子的特定时间为例。即使使用该放射源生成了一个"真随机数"表，原则上，在使用这个表时随机序列也会变得不随机，因为必须有人去决定从表格的何处开始启用随机数。只有在实验中内置检测装置才能得到有效的真随机性。

许多超心理学实验都使用过物理随机数生成器，但鲜有实验依靠真正的量子随机性。基于量子随机性的方法为真随机，但价格昂贵，且直到最近也很难从技术上进行监测。事实上，更多的实验倾向于使用一种近随机数生成器。这种生成器利用了类似电子噪声那样的源，这种源的原始数据不像量子随机决策那样是数位式的。这意味着，必须制定一系列规则将物理输入信号转化为数位随机序列，这个过程本身复杂且易犯错。

贝姆教授指出，实际上，也许起作用的是其他的超精神能力效应，而非预知能力。如果随机数在使用之前是储存在某处的，那么，这些随机数可能会被某种形式的遥视能力获取。或者，如果心灵致动能力存在，参与者也许能影响测试机器的物理结果，比如自身产生随机数的设备而不是预先设定的表格就存在这种可能性。我们希望的是，能通过同时使用伪随机数和真随机数生成器的输出结果克服这些效应，以使预知能力成为唯一源。在实际中，这种信心似乎不足。

撇开实验错误不谈，如此微小的差异还存在另一个问题——解读它要求非常小心地使用统计学工具。贝姆的计算过程并未受到批评，但论文的简单结论却令人担忧。论文的结论认为，一个特定的结果，如果可能性极低，则为非真。举个反例，如每周的大乐透彩票，中奖号码的成功概率远低于百万分之一。数学上，由于这些特定数字同时出现的概率几乎无限小，以至于物理学家会说随机情况下几乎不可能发生。然而，现实情况是，每周都有中奖的数字被抽出来。每次乐透抽奖都产生了这个结果，即便这个特定的结果极不可能发生。

顺便提一下，最著名的舞台预知能力表演之一是2009年9月9日心灵魔术师达伦·布朗（Derren Brown）对英国国家乐透彩票（British National Lottery）的戏剧性预测。布朗的表演包括很多关于群体智慧的冗长话语，以及从一块面板上获得数值的举动。实际上，布朗看似恰好在中奖数字在电视直播中被抽取出之前就拿出了中奖数字列表。至少，

EXTRA SENSORY

观众们是如此认为。

后来,人们深入分析了布朗的招数,列出了两个关键要素。其一,表演是在一个空的演播室进行(此次表演不像布朗往常的表演,没有观众)。其二,他宣称受限于法律,不能在中奖结果出来之前宣布自己的预测结果。实际情况是,虽然他宣称已在抽奖之前就写好了中奖结果,但观众看到的顺序仍然是:先有电视直播抽取出中奖数字,几秒钟后,布朗才揭示了他的预测结果。

如此,只要想办法在抽奖之后至揭示结果之前的那段时间将中奖数字写下来就可以了,这是魔术师的常见招数。当然,布朗表演的方法引入了一些像分屏摄像那样的技术干预,使表演看起来倾向于他真正做出了预测。(一些证据证明,确有操纵手段存在——逐帧分析显示,其中一个球在帧间出现了轻微移动。)

此次表演之后,布朗宣称自己并无特殊能力,并向人们承认所有的表演都是魔术。不存在真正的预知能力——面对现实吧!如果真有这种能力,布朗手上可能已拿着一张价值数百万英镑的中奖彩票了。

如此看来,中奖号码被猜中的概率的确很小。

其他一些潜在的统计学问题还包括贝姆的试验次数不够多,但他的确发表了足够的重复实验的信息。目前,有一个系列的试验得到了相似的结果,六个系列的试验未发现有意义的数据——总的来看,这削弱了贝姆的观察。每一个未获得相对于随机概率差异的试验都让贝姆的阳性结果变得更不显著,使其更可能是罕见的统计偏差,或者是实验错误所致。

预见未来可能是最可能获得回报的超精神能力。你可以模仿一下达伦·布朗,购买那张中奖的彩票,等着钱财滚滚而来。但是,超心理学家们还特别喜欢另一种超能力,这种能力在军队可能比预知能力更受欢迎。知晓你的敌人在干什么会给你创造巨大的优势,无论是在战场,还是在阿富汗的山洞里搜寻恐怖分子。没有谁比拥有遥视或千里眼能力的人更受军队欢迎了。

6 千里眼

桌子边上坐着一个外表整洁的男人。他留着小巧的山羊胡,穿着一套西装,他沉静的英式矜持气质与做客地美国亚利桑那州(Arizona)瑟多娜(Sedona)的热情形成了鲜明对比。他要求现场一位他此前从未谋面的女性观众走到走廊尽头的另一间房——从桌子边完全看不到那个房间。然后,男人大声要求这个刚离开自己房间的女人开始画画。

接下来的几分钟,女人将画四幅图画。男人集中精神,开始大声描述他看到的内容。桌边的另一个陌生人则按照这个英国人的描述作画。此环节结束后,两边的图画将进行对比。第一幅画,男人描述了一个颇像十字架的宗教符号,一棵树或一丛灌木,原画为六角星和一棵树。第二幅画,他描述了一根像香蕉的曲线,原画与其相符。第三幅画,他描述了水面以及一个摇动的动作,原画为一艘水面上的小船。第四幅画,他描述了一张像太阳一样温暖的脸庞,原画是一个微笑的太阳。

你可以会很容易地将刚发生的事情描述为遥视:不用身在现场就能看到远处的能力。但在这样的场景中,遥视和心灵感应难以区分。我们不清楚的是,这位专业人士是直接看到了图画?还是读到了作画者的心?作画者并未试着传送信息,不管怎样,实际效果是这位专业人士复制出了远处的一张画。

如果遥视真的存在,它一定是军队和情报机关迫切希望得到的能力。想想人们在监控上的花费——无论是间谍卫星、飞机,还是地面人员。试想,如果能将这些东西扔开,用一个永远无法被侦测、被俘虏或击毙的遥视者代替是何种场景。故而,多年来,遥视被称为军队最感兴

EXTRA SENSORY

趣的能力不足为奇。如果不是因为一个小问题，前文描述的那个男人一定已成为军方最受欢迎的人物。

问题在于这个男人，前文中，我们曾多次提及他的名字。他的名字是达伦·布朗，他是英国的詹姆斯·兰迪，一位擅长心灵欺骗的魔术师。他喜欢用纯自然的力复制别人认为真实的超精神能力。上述的展示是一段表演，发生在一个电视节目上，除他之外的参与者完全相信了这段表演。假设我们相信布朗是在英国电视广播界的严格规定下进行的操作，丝毫没有事先串通——在场的观众的确相信自己见证了一次遥视。

当然，在场者的轻信也为此提供了帮助，他们可不是冷静的科学家。何事可能、何事不可能，他们并无先入之见。这些人已完全相信表演所展现的能力可能存在。不过，即便知道他是在表演，仅看这段视频，达伦·布朗的展示仍然精彩且有说服力。

既然布朗是在表演（他反复向观众保证，他的"力量"来自技巧、心理学、暗示和操纵），那么，我们可以对他表演的技法提出诸多可能的途径。我们并未看到作画者所在的房间。例如，我们不知道该房间是否存在一扇窗户，使布朗的同伴能透过窗户看向里面，或者有工作人员事先在房间里安装了隐藏式摄像头。任何一种情况下，布朗都能通过佩戴隐形耳塞接收信息，或者通过工作人员接收摄像头的视觉信息。

令人惊讶的是，就像我们知道可以用很多远程发送文字的技术模拟心灵感应一样，使用技术手段伪造遥视能力也具有古老的历史。今天，我们对于可通过电视看到地球另一面（甚至是火星机器人探测器的）的图像丝毫不会感到惊讶，电视技术可让我们获得看到远处事物的能力。不过，上溯至13世纪，杰出的英国修道士罗杰·培根还曾描述过一种利用技术获得的遥视形式。

在为一本科学百科全书撰写的大型写作方案中，培根谈到了神秘且神奇的光学设备。他率先提出了利用镜子的遥视方法：

也许，可以将很多相同的镜子竖立在敌方城市和军队对面的高

70

地上，敌人的所作所为将无所遁形……据说，曾想征服英格兰的尤利乌斯·凯撒（Julius Caesar）为了提前从高卢（Gaul）的海滩上看到英格兰城市和军营的布置，曾用此种方法竖立起了非常大的镜子。此外，这样布置的镜子能让我们对自己希望看到的东西尽收眼底，无论是房子里还是街道上。

事实上，罗马人并没有这样的技术。不过，通过这段话我们能感受到，即使在那时，遥视能力在军事上的巨大价值也是显著的。如果要实现他描述的效果，培根的镜子必须要有望远镜那样的曲面才能提供放大效果。实际操作时，即便拥有最好的现代技术，在那样的大尺度距离下，太多干扰和大气散射也会严重制约我们得到良好的图像。培根在书中并未明确提到曲面镜的使用，但他意识到了曲面镜的聚光能力，并在其他地方作了描述。但在描述那种理论上的监控技术时，他引入了透镜的作用：

> 我们可以这样给透明体塑形，并根据我们的视力和目标成像来布置它们。这样，光线会根据我们的需要往任意方向折射和弯曲。在任一角度，我们希望可以看到近处或远处的物体。因此，识别极远处的微小文字、数字、尘埃和砂石也许具有可能。

从培根的思考中，我们可以看到一条贯穿望远镜发展过程的清晰路径。这条路径接下来可以发展到电视机技术。电视机的原理是将光学图像转化为电磁信号，隔空传送，然后转化回光学信号，刺激我们的眼睛。一旦我们在实践中实现了中间的传输部分，将没有什么能阻碍我们获得从远处视物的能力。

今天，我们很熟悉这种技术，也对此习以为常。不过，有没有办法在无需这种技术的情况下取得同样的效果——用心灵从远处视物？为了寻求实现遥视能力的机会，我们需要首先理解人类观察周围世界的方

EXTRA SENSORY

式。视觉的形成依赖于光这种宇宙中最为神奇的现象。将光视为一种波通常是方便的做法，但实际上，光似乎更接近于由携带电磁能的光子组成的粒子流。

在视觉形成过程中，光源（太阳或人工照明）产生光子，光子的产生通常是由物质中的电子从高能级降至低能级，像电梯从一层楼下降至下一层。如果下降的电梯撞到什么东西停了下来，它会以声和热的形式释放出一股能量。与此相似，能级下降的电子也会以光子的形式释放出一股能量。

光子一旦被创造，将无法处于静止态。光子的性质决定了其自身必须运动，因为光是电和磁的相互作用。光要存在就要求运动的电脉冲一直产生运动的磁场，磁场本身又能产生运动的电场，只要以光速传播，这个过程就能在无需外界支持下自发循环维持。

此后，光子穿过空间，直至撞到我们将要看到的物体上。传统上，此时的我们会说物体接下来会反射光子，就像一个球从墙上反弹那样。但实际上，物体会吸收光子，这个光子将物体中的一个电子提升到更高的能级。几乎同时，同一个电子会发射出另一个光子，颜色这个概念就在此时诞生。大多数物质偏好特定能量的光子。白光包含全部能量范围的光子，但其中一些光子会被吸收它们的物质留住，其他的光子将电子提升至不稳定态，使其能较容易地发射出新的光子。

我们看到的物体颜色与物体重发射的光子的能量相对应。不同的能量对应不同的颜色。例如，某个特定的物体倾向于吸收对应为黄色、绿色和蓝色的光子，重发射红色范围的光子，我们视线里的该物体为红色。

在这个过程中，光子被光源发射并被物体吸收，新的光子从物体发射出来，指向你的眼睛。光子再次以光速穿越空间，光速在真空中的精确速度为每秒 3×10^8 米，在空气中会稍慢一些。显然，一定会有特别的光子在穿过晶状体和泪水时被电子吸收，又重发射，但光子的继任者最终会抵达位于你眼睛后部的视网膜。视网膜这个生物投影屏含有大约

1.4亿个感受细胞。

在这些感受细胞中，大约1.2亿个为无法分辨颜色的视杆细胞。实际上，视杆细胞只能分辨黑、白、灰。其余的感受器是视锥细胞，可分为三种类型，分别识别三原色：红色、蓝色和绿色。每一种视锥细胞处理的颜色范围大于单独的某种原色，提供了冗余部分，每种视锥细胞在其特定原色上最敏感。当光子抵达视网膜后部（感受器由后向前分布，这经常被指为眼睛是进化而不是造物主设计的良好证据）时，它被光感受分子吸收。一如既往，当光子被物质吸收时，它会给电子注入能量。

数个光子累积的能量会让感受细胞产生微小的电荷———一定范围内的感受器的电荷合并后就产生了可通过视神经传到大脑的信号。此时，我们应对的就是电信号了。为了理解视觉的运行原理，重要的是，我们必须认识到虽然上述视觉形成的早期阶段与摄像机的原理具有相似处，但接下来的这些信号的遭遇将完全不同。

在摄像机中，来自镜片后不同传感器的信号被转换回彩色光。摄像机采集的图像通过使对应摄像机传感器的彩色像素亮起而重新生成在屏幕上。屏幕显示出摄像机监测到的图像，这是一种简单的对应关系，所见即所得。相比较，人类大脑观看世界则完全不同，人类的视觉完全由神经活动构建。

顺着视神经传导至大脑的信号并未被转换回图像。何解？答案是，你的大脑里并没有某个小人正坐在那里等着观看图像。实际情况是，大脑要处理原始数据，利用不同的神经模块处理光和影（主要通过黑白视杆细胞）、边缘、形状、运动……然后，大脑基于这些模块产生的数据构造出外部世界的表征。你所"见到"的一切，正是你大脑编造出的幻影。

我们感知的外部世界是大脑构建的虚假图景，这也是视错觉可以愚弄我们的原因。我们知道"看"是虚假的，因为我们知道自己看到的图像与实际上投射到视网膜上的图像也许不同。撇开其他不谈，视网膜上连接视神经的部分（盲点）并无感光细胞。大脑会填充这个盲点，让我们察觉不出这块空白。同时，我们的眼睛一直在做被称为"扫视"的微小快速运动，以此来建立更精确且深度的形状图像。如果我们可以看到眼睛生成的真实图像，你会发现这种真实图像一直动来动去，导致一切都模糊不清。在这个过程中，大脑编辑掉了所有的噪点。

因此，视物绝非一个简单的过程。思考一下，我们怎样才能从远处看到东西？在施展心灵感应能力时，远处的光子落入别人的视网膜上，信号如何从他的大脑传送到我们的大脑？现在，抛开这条途径不谈，在缺乏光学设备的前设下，我们应如何侦测到远处的视野？

如果你接受笛卡尔的心体二元论，你会认为精神以某种方式游离于身体并行至远处是可能的。显然，这种二元论是很多遥视表演者推崇的理论。他们相信自己经历了一种离体的体验，身体中的某种东西脱离了他们的肉体，冒险出去探索世界。不过，尚不清楚这种非物质体是如何做到与物理性的光子发生相互作用而看到东西的。可以确定的是，光会直接穿过它！欲使光子停下来被吸收，必须有物质存在，精神体本身并不是物质。

可以用隐形人与之类比。自 H. G. 威尔斯（H. G. Wells）的同名中篇小说推出了隐形人的概念后，这种能在世间乱逛且制造恶作剧而不被人发现的能力在小说中盛行。不过，真正的隐形人也许不会如人们所认为的那般充满乐趣，因为他可能什么也看不见——欲让光子触发你眼睛里的感光细胞，光子必须被吸收。如果你是隐形的，光子会直接将你穿透。故而，它们无法被你的眼睛吸收，你也无法视物。隐形的灵体，也同样存在这个问题，还额外增加了光与非物质体发生相互作用的困难。所以，一个被投射的精神体可能是盲人。

如果这种实际上被所有现代心理学家和神经学家摒弃的二元论既不可能也不可行，那么，还有另一个选择——某地的人的神经活动与另一地的光子建立了某种联系。量子纠缠可为光子与物质的相互作用提供机制，量子纠缠会牵涉到两种起初组合在一起的东西，即便两者后来彼此分离，这种效应也始终存在。虽然在心灵感应能力中，我们可以想象两个相隔甚远的有意识大脑能彼此联系，但很难想象一处地点的大脑能以某种方式接收到另一处地点的光。目前，我们不得不承认——为遥视找到科学解释，仍然面临着不少严峻的问题。

在许多标为千里眼（遥视的早期称呼）的超精神能力实验中，观察者证实自己的能力并不一定是以看到某物为标准。很多这样的实验颇像心灵致动实验的一些变化形式，更关注大脑与电子过程的相互作用。这似乎是 1974 年斯坦福研究所（Stanford Research Institute，SRI）的物理学家拉塞尔·塔尔格（Russell Targ）和同事发明的"ESP 教学器"的基础。不过，这种机器有很多模式，能测试心灵感应和预知能力。塔尔格设计的测试关注的是一种不依赖任何常规感官的人/机器的交流。

以现代标准来看，这架机器外观粗糙，其上有四块面板，任一面板都可亮起显示一张单独的幻灯片图像（这是远在 LCD 面板发明之前设计的装置），图像在单次测试时固定不变。在千里眼模式下，机器内置的一个随机数发生器会选择四块面板中的一个来显示图像，但不会提示选择了哪块面板。接着，被测试 ESP 的人（理论上要经过训练）会选择四个按钮中的一个，每一个按钮对应一块面板。最后，机器会亮起那块之前选择好的面板，受试者将能看到自己的选择是否成功。选对面板可以归因于预知能力，但实验人员认为，这更可能是一种千里眼能力，即受试者能看到机器内部已经做出的决策。

为了让训练器工作，受试对象必须与设备内的电信号产生联系。受试对象不用收集光子来看到图像，而是识别电容器内的电荷或者是计算机内存某个区内的比特值。这需要两种非常特别的能力：检测电信号或电荷；清晰识别与被选择的特定面板对应的正确信号。毕竟，任何电子设备都包含很多电容或者计算机内存的比特，受试对象该如何追踪电子迷宫内的正确电荷非常神秘。

为了增强结果并提供激励学习的反馈机制，设备会同时计数做了多少次试验以及选中了多少次（选中指受试对象选择了正确的图像）。如果受试对象选中的次数越来越多，一系列的文字图案会依次亮起。有

EXTRA SENSORY

时，这些文字的激励信息滑稽可笑，比如"开门红""在拉斯维加斯可以用到""通灵、灵媒、先知"。

初期，测试员会手动记录得分，以测试设备的基本操作并确保功能良好。但接下来，训练器会连上一个打印机，打印出结果序列。像纸带打印那样，记录每轮25次测试中每一次的位置、机器选择的值（从1到4）以及受试对象选择的图像编号，并显示猜中次数的流水总数。从描述来看，这似乎是一种可靠的系统，但它的使用存在一个严重的问题。

如果某个受试对象感觉自己未获得任何信息——比如，受试对象接收不到任何能确定正确图像的信号——他可以按下机器上的一个按钮跳过此次猜测。如此，他将不会得分。就其本身而言，这不是什么问题，因为受试对象只能在做出猜测之前跳过该次测试，但它会产生偏倚。

在每轮25次测试中，如果受试对象从未接收到信息而纯粹靠猜测选择，根据随机概率，她猜对的次数大约为6次。但如果她每一轮都得到6分，这个过程很可能是非随机的。如果她每次都得到同样的分数，大概率发生了可疑事情。多轮测试下来，平均而言，结果应该是25次中猜对6次（准确地说，是6.25次）。但在实际的任何一轮测试中，结果更可能是5、6或7，有时甚至会远远超过期望值。

现在，我们假设一下参与测试的这个人想作弊的情况——如果受试对象负责收集测试结果，他的作弊将变得容易。他只需保留所有得分超过6的打印结果，丢弃得分少于6的打印结果。这种"挑选"手法可以很容易地使结果发生偏倚，从而提示超出随机概率的能力存在。要做到这点，甚至不需要故意作弊。例如，受试对象可能会在测试中受到了干扰——接到一通电话、听到一阵巨大的噪声，或者其他可能的干扰。如此，该轮测试很可能出现低分，这次不佳的表现会被归因于干扰而遭到丢弃。

试想，一轮"好"的测试也许同样发生了干扰事件，但人们丢弃好结果的可能性很低。因为结果不错，人们会自然地倾向于保留下来。显然，如果测试结果良好，试验假设就能成立，这与人们的预期更符合。"干扰并不会对受试对象的表现造成任何影响"，这个说法是幼稚的。这种挑选实验结果的做法通常会导致无意识偏倚，这在科学实验中很常见，且其发生率比人们承认的更严重。设计出揭示这种无意识实验人员偏倚的典型实验是 1963 年所做的一次聪明试验。这次试验表面上的实验对象是大白鼠，实际对象却是相信自己在做老鼠试验的年轻科学家。

哈佛大学的罗伯特·罗森塔尔（Robert Rosenthal）和克米特·福德（Kermit Fode）设计了一个实验。他们给 12 名心理学的学生每人发了 5 只大鼠，让他们用大鼠做 T 形迷宫测试。事实上，所有大鼠都为同一批来源，但一组学生被告知他们的大鼠特别聪明（天生就适合做迷宫测试），另一组学生被告知他们的大鼠能力稍次（做迷宫测试会很困难）——那些"聪明"大鼠组的学生被告知，他们的大鼠在测试第一天就能清楚地展现出学习能力，之后的表现还会提升得更快。而那些"笨"大鼠组的学生却被告知，他们的实验对象表现不出什么学习的迹象。

两种"类型"大鼠（记住，所有大鼠的能力皆相同）的表现确实在逐渐提高，但在为期五天的测试中，每天的实验记录都显示"聪明"大鼠的表现好于"笨"大鼠——"聪明"大鼠成功完成测试的频率比"笨"大鼠高两倍，且到达终点的速度也比它们据推测会比较慢的对手更快。当然，用聪明大鼠做测试时，实验人员也许给予了更多鼓励，对待它们更积极，这也许影响了大鼠的真实表现。但事实上，实验人员可以轻易地让结果产生偏倚，他们甚至都没意识到自己扭曲了测试结果。

一种可能会改变测试结果以匹配实验人员期望的做法是，他们会将聪明大鼠两可之间的迷宫测试结果算为成功，笨大鼠的则不算数。他们还有可能出于某些显而易见的理由（或许大鼠被巨大的噪声干扰），挑选结果写进记录，就像前面的例子一样挑选阳性结果。他们对于如何应用挑选原则的标准很难统一，前后一致是难以做到的。

科学家的这种寻求自己期望结果的偏倚并不限于生物学实验。据说，牛顿在"证明"白光包含了全部彩虹颜色的著名实验中也未真正获得他后来宣称的结果——为了获得他希望的结果，他选择了自己希望看到的现象。类似的偏倚似乎也发生在1919年的那次考察中，据说，那次考察确认了爱因斯坦的至高荣耀，广义相对论。

根据广义相对论（描述质量扭曲时空的机制），太阳会弯曲经过其附近的恒星光，使这种光的传播路径比原本更靠近太阳。这种效应会使恒星出现在比预计位置距离日轮更远的地方。通常，这些恒星无法被人们看到，因为太阳光遮住了它们的光。不过，1919年，有人组织了一次观察普林西亚岛（Príncipe Island）日全食的考察，该岛在西非赤道几内亚（Equatorial Guinea）海岸的沿海，考察队测量了恒星在月球遮住太阳时的视位置（apparent position）。

伟大的英国天文物理学家亚瑟·爱丁顿（Arthur Eddington）爵士领导了这支考察队。考察队拍了很多照片，据称这些照片证明了爱因斯坦的正确。多年来，人们都认为，那次考察证明了广义相对论是事实。然而，这次考察也存在实验人员偏倚，且还有较大的故意性。事实是，只有一张底片能用，虽然这张底片似乎的确能证实爱因斯坦的预测；第二次在巴西索布拉尔（Sobral）进行的观察日食的考察结果却更接近于牛顿理论的预测值。整体来看，如果对两次考察获得的数据进行冷静的分析，唯一的科学结论是——测量的结果对广义相对论既不支持也不反对。

后来的研究显示，这并不令人惊讶。1962年，有人尝试用更先进的设备在日食时重复了爱丁顿的发现，但仍然不能精确地区分爱因斯坦和牛顿理论的预测值。

爱丁顿是1919年考察队的负责人，他完全相信广义相对论的正确，索布拉尔的观察被束之高阁。可以说，这个做法非常不科学。尽管如此，爱丁顿的坚持却是正确的。从那以后，无数次实验用不同的方法确认了广义相对论的效应。但在当时，这个孤注一掷的决定让头条报道覆盖了全世界的报纸，可整个决定仅是基于直觉而非基于对结果的诚实解读。

我们举这些严肃科学结果被偏倚性解读的例子,并非主张对待科学应采用偏倚性态度。偶尔,偏倚研究也能获得正确的结果。从这些例子我们可以知道,研究科学的方式太容易产生偏倚。无论科学家有多喜欢自己期望的结果,都不应挑选有利的结果而忽略违背他们理论的数据。严格地说,所有的观察结果都必须被发表和分析。

尽管在那台 ESP 训练器的使用者在被允许挑选哪些轮次的测试结果被记录哪些被放弃时获得了高于随机概率的分数,但当设置了对照组来剥夺受试对象选择或放弃的权利时,测试结果又降到了随机概率的水平。此时,显然应该推出结论,测试显示不存在千里眼能力。但值得指出的是,那些主持测试的人却并不这么看。

他们的观点是:测试结果随着对照增加而降至随机水平的原因在于对照干扰了心灵能力。这是常见的辩护超精神能力测试失败的观点。他们说,对照、干扰,甚至有怀疑者在场(特别是一个擅于识破欺骗的魔术师)皆足以吓跑超精神能力。但这似乎是一种非常不科学的理由,不能挑选结果就会导致超精神能力失效?更可能的是,错误水平的降低(无论无意还是有意)可使测试结果更精确地反映真实的因果关系。

或许,遥视实验中最戏剧性的防欺骗案例是一项遥视木星的活动,该活动由斯坦福研究所(Stanford Research Institute)主持。有两人宣称自己能遥视,他们是因戈·斯旺(Ingo Swann)(第 8 章会有更多介绍)和哈罗德·谢尔曼(Harod Sherman)。他们在第一批近地行星探测器\[分别是"水手 10 号"(Mariner 10)和"先驱者 10 号"(Pioneer 10)]发射之前对水星和木星做了一系列的观察。这似乎是检验遥视能力的理想机会:不存在事先偷看的疑问,因为没人能提前知道那些探测器到底能观察到什么。

SRI 的研究者拉塞尔·塔尔格和哈罗德·帕特霍夫(Harold Puthoff)收集了这次遥视活动的信息,并将其与后来行星探测器揭示的新发现进行了对比。实验宣布获得了胜利。《通灵术新闻》(*Psychic News*)引用

EXTRA SENSORY

了"阿波罗（Apollo）14号"登月舱飞行员及超精神能力实验的狂热分子埃德加·米切尔（Edgar Mitchell）的话，"斯旺描述了行星上的事物，并给出了科学家直到'水手10号'和'先驱者10号'探测器飞经两颗行星后才知道的细节"。宇航员及UFO爱好者J. 阿伦·海尼克（J. Allen Hynek）评论，"这些是斯旺无法猜测或者提前读到的东西"。言下之意是，这显然是遥视存在的证据，因为这种情况不可能欺骗——遥视者没有自己的太空飞行器，没法做出观察。

不幸的是，支持这种观点的证据并不清晰。SRI团队所认为的阳性结果之一是斯旺和谢尔曼各自遥视内容的相似点数目——然而，这个结果本身并不能说明他们提供信息的质量。如果他们恰好就错误的事实取得了一致的意见，则不能为遥视提供任何证据，还不如说是串通。鉴于谢尔曼承认两人在实验开始前见过面，两者报告的相似性就不能作为有价值的证据了。很可能，他们提前合计好了说些什么。接下来，我会重点介绍木星，因为他们对木星的观察比水星要多，不过两个星球的结构很相似。

在这次遥视活动中，斯旺和谢尔曼提供了一些精确的信息。每人都说中了少数事实——不幸的是，这些事实几乎都是在"先驱者号"探测器抵达木星之前就广为人知。例如，木星是个带条纹的行星，木星有云层覆盖，从木星上看太阳偏小，火星与木星之间有许多小行星，木星的中部凸出。这些精确的信息，没有哪条不能通过快速查看百科全书获得。唯一的新信息是，木星像土星一样也有环。但他们补充，这个环与土星环很像。实际上，木星环的外观是非常有特色的，这唯一的新信息也不能说明什么。他们还说，木星环是由晶体构成（使人联想到土星环的冰晶），实际上木星环大部分由灰尘构成。

从不利的方面来说，斯旺和谢尔曼描述的大部分内容都是错的，似乎更像来源于庸俗的科幻小说，而非真实的观察。两人都说木星有固体表面，这不符合常识。斯旺描述木星地面上有沙丘、六英里高的山脉、地面具有高红外特征，谢尔曼描述了高耸的火山峰和红褐色的地壳。奇怪的是，他甚至还自相矛盾地称木星是"气态行星"（不幸的是，这也是错的，尽管木星被称为"巨型气体行星"）。总之，两位遥视者关于木星的观察大部分为错误。

与斯旺和谢尔曼的测试一起，帕特霍夫还同时报道过一个真正有趣的遥视能力实验。当时，美国中央情报局（CIA）将其部分过程列为机密。遥视者帕特·普莱斯（Pat Price）被要求在只有该地区详细地图坐标的情况下，侦察苏联塞米巴拉金斯克核试验场（Semipalatinsk）的研究开发测试装置。普莱斯画了一幅龙门吊的详细图，和 CIA 提供的该地点的图非常相似。不过，很难知道论文的可信性，因为同一篇论文也描述了斯旺对木星的遥视观察。帕特霍夫这样说，"在本例中，非常令他（还有我们）恼怒的是，他发现木星周围有一个环，所以他不知道自己是否错误地遥视到了土星。我们天文学的同事也对此不满意，直到探测器揭示木星周围真的存在一个意料之外的环"。

只读帕特霍夫的这篇报告，你会相信对木星的那次遥视取得了巨大成功——然而从整体来看，这次遥视作出的预测错得离谱。前面介绍过，甚至他提到的木星环也具有误导性。最重要的是，论文并未提到哪怕一处错误。以帕特霍夫论文的谬误水平，很难相信他报导的普莱斯对塞米巴拉金斯克的遥视是在双盲条件下做出的。

我们可以从斯旺和谢尔曼去木星的精神遨游中得出什么结论？他们的大部分结果并不能为遥视能力提供可靠的证据。先不管他们对于辐射的言论，遥视者如何"看见"辐射？他们似乎只是查阅了一些基础教材，做了很多糟糕的猜测。斯旺此后说，他错过了木星，看到了另一个太阳系里的一颗外观与此相似的行星。然而，即使相信他所说的是真的，他和谢尔曼描述的这些特征也太过离谱，很难想象哪颗行星会综合全部这些被描述的特点。行星要么是相对较小的岩石星体，要么是相对较大而大部分非固体的星体。

对于这些结果更可能的解读是，此次遥视活动并不存在真正的遥视。更可能的是，他们是基于有限信息作了编造。我们不能说遥视没有存在的可能，但我们应谨慎对待任何证据。

除了塞米巴拉金斯克遥视事件，上述所有案例涉及的多为传统的千里眼能力。但是，一些实验被广泛描述为遥视，而这些实验正是军事应用特别感兴趣的实验。

在类似这样的遥视测试中，初衷是可以发现你能望见的某个地点，无须在场却像在场一样。就像本章开头达伦·布朗的表演，这种能力的标准测试方法似乎不信任存在直接凭空获得图像的物理机制。这种能力依靠某种更像寄生性心灵感应的能力，遥视者通过其他人的眼睛观察世界，利用已经在场的某人，将光子转换为能以某种方式拦截的精神信息。

在典型的测试中，遥视者安坐实验室，身旁有一位观察者，观察者的任务是监视遥视者，防止遥视者直接与另一处的团队秘密通信。第二个实验人员将驱车前往几个远程位置。遥视者描述远处的某人"看"到的东西。这个过程的最后一部分的做法很聪明，为了避免实验人员偏倚，测试最后一部分安排了一位（据称）中立的评委，评委被带到各个远程位置，将在那里匹配遥视者的遥视图像与实际目标，并记录匹配的程度。

要是遥视真像塞米巴拉金斯克测试所描述的那样可靠，它对军队以及其他政府机构来说一定是了不得的能力。但是，这些测试本身所采用的方法却造成了严重的问题。一个问题是，遥视实验很少能提供具有重要价值的观察信息。研究者对这些观察的描述倾向于模糊和不明确。例如，严格地说，对某处地方的交通工具进行遥视的内容必须包括交通工具的型号、样式、颜色、车牌。而遥视测试提供的内容通常是，"有很多彩色的块状物——可能是汽车或房子那样的东西"。这在军事上毫无用处（不精确），也不能被当作任何坚实的证据。

如果遥视的确牵涉到一种直接或通过其他人眼睛看到远处情景的能力，那么，这种模糊性非常难以理解——要么你看到了，要么没看到。你能想象，请某人描述一个场景，他模糊地回答"我看见一个细长的形状和某种矩形，感觉是棕色和灰色"这类我们常从遥视活动中获得的信息，最多只能算收集远程印象而非遥视。

在塞米巴拉金斯克遥视事件中得到详细描述的龙门吊看起来完全符合需要——不过，这件事似乎并未导致遥视在实际军事活动中得到有意义的使用。最可能的解释是，它并不可靠。

另外一个问题是，很多这样的实验都存在质量不高的瑕疵，包括结果解读的质量，为避免无意或有意欺骗手段的控制条件设置的质量。例如，你观察帕特霍夫和塔尔格的书《心灵探视》（Mind Reach）里展示的照片，你也许会特别注意根据遥视者的描述所画的图与照片之间的相似性比对。如科普作家及怀疑者马丁·加德纳（Martin Gardner）指出的，"这些照片很可能是在遥视者描述之后再拍摄的，且拍照的方式会尽可能地偏向于选择将相似度放大"。

这些实验在执行过程中可能存在很多错误的推理。评委们的工作是将三张图与三个地点进行比较，感觉其间的匹配点。也许，更有趣的做法是，在评委熟知的区域内随机选一些地点，然后问他这张图与哪个地点有关系。直到此时，才拿出这幅图与评委选定地点的详细照片比较，看当天的细节（如那里停了什么车）与这幅画有多匹配。

在帕特霍夫和塔尔格研究的实例中，遥感者描述的模糊性加上可选地点极小的样本数，均倾向于得到更好的匹配。遥感者描述的这种相对简单的形状实际上可能是任何东西。例如，拱形存在于彩虹、桥、穹顶或者任何弧形结构里。这种模糊的匹配似乎显得毫无价值。

有趣的是，帕特霍夫和塔尔格在书中描述了一次遥视测试，他们的一个实验对象＼［自称灵媒的海拉·哈米德（Hella Hammid）］在目标被选择之前就对目标进行了描述。在测试中，3个评委都判定描述与地点之间的匹配度为100%。帕特霍夫和塔尔格认定这是一个绝佳的案例——但恰恰提示并无遥视的参与，因为描述是在目标被选择之前做出，而非看到某人眼中看到的信息。

这里，当然有帕特霍夫和塔尔格一厢情愿的想法。马丁·加德纳介绍过一个生动的例子，例子中的待测目标是一个工艺品广场。测试对象描述了自己接收到的印象，她提到了风车七次，高尔夫球场五次。这些话暗示，哈米德认为这个地点是一个小型高尔夫球场——但帕特霍夫和塔尔格却称，几乎每一个细节都精确匹配那个工艺品广场。这是有意的欺骗吗？我们只知道，该研究从一些机构获得了大笔资助，而这些机构只对阳性结果感兴趣。真正科学的研究方法会将失败视作成功一样有效，但在这次测试中，只有成功才是唯一可接受的结果，而研究者最终确保了这点。

我们会在第8章再次回顾军队重视的遥视能力，这种远程感知我们周围世界的能力有一个分支可追溯到数百年甚至数千年前。这种形式的遥视（至少是遥感知）被称为卜棒术（dowsing）。

通常，人们会将卜棒术与遥视区别对待，但实际上，并无充分的理由——两者的目的都是为了从远处侦测某些物质，传统上是侦测水源，不过最近这种方法还被应用到了寻找矿石和石油上。在人们开发出寻找地下水的科学方法之前，卜棒术有着很高的需求。毕竟，有人引导总比随机挖井更好。但是，并无可靠证据证明卜棒术的成功性。过去（某些地方现在还有），卜棒者被雇佣的标准是基于口碑而不是对其能力的科学测试。不可避免地，如果你在一个看起来可能有水的地方挖井，你会找到水，无需特殊能力者的引导。

整本书，我都努力试着避免简单地鄙弃某种超精神能力，但对于卜棒术我愿破一次例，即在远处用一张地图就能施术的卜棒术。普通的卜棒术会通过真实的待寻材料施法，也许施术者可以侦测到某种物理性的东西，但地图卜棒者仅靠将卜棒设备（通常是野地里的一根木棍）放在一张感兴趣的地图上，就能侦测到水或其他材料。

我认为，可以不讨论这种卜棒术的原因在于，这种方法是基于对地图本身的根本性误解。我们都熟悉地图，可以在心里将地图与已知的地域匹配。我们习惯性地认为地图和其绘制的地点之间存在某种联系，但实际上并没有。地图只是一张纸上的墨水图案或者计算机上的一堆数据的显现。它代表了一个真实地点,但与之并无关系——地图与地点之间的联系完全是幻想。

无论是多超自然的感官能力,也没办法通过在地图上施卜棒术来发现对应地点的东西。

如果你从相反的角度看这个过程,就能看出这整个想法有多荒谬。如果你可以在地图上施卜棒术来发现真实世界里的东西,你应该也能在真实地点施卜棒术来发现地图上的东西——显然,这非常奇怪。进一步讲,假设你知道郊区某个地点的地下有水。你去到那个地点,并在地下水的上面放置了一张别处地方的地图。最后,带一个卜棒者过来,请他在这张地图上行卜棒术寻找水源。他如何辨别水源是在当地还是地图上的某个点?

记住,除非卜棒者知道那个地点,否则地图卜棒术毫无意义。如果他确实知道,地图则是一种在脑海中构想真实地点的好办法。这张地图只能被用作提示工具,让卜棒者将注意力放在某个真实地点,在脑海中对其定位。

主流的卜棒术颇为不同。卜棒者通常会走过一片土地,搜索一遍,侦测水源或其他物质,就像今天的人用金属探测器或引力探测器进行搜索一样。对卜棒者来说,侦测装置要么是一个钟摆(经过水源时,钟摆会以特定方式摆动),要么是标志性的灵媒工具——卜棒。

卜棒传统上是一根木枝,当其侦测到什么时会上下震摇。不过,现在更常见的形式是两根弯曲的金属线,卜棒者两只手分别用弯曲的手指松松地握着一根线。金属线的细长部分朝着卜棒者的前方,彼此平行,当经过目标物质的上方时,卜棒者双手最轻微的运动就能让两根金属线猛地颤动起来,相互交叉。传统的木枝形式的卜棒在末端有一个分权,卜棒者双手握住分权两端,木枝的细长部分伸向前。分权部分处于双手手掌的压力之下,任何细微运动都会导致木枝剧烈摇动,因为它处在不稳定的压力状态。

所有这些卜棒工具都有共同特点。钟摆、木枝或金属棍,它们都能放大手上的细微动作。如果卜棒术有效，这些运动也可通过类似遥视的能力产生。卜棒者"看到"了水源或其他物质，会导致微小的无意识肌肉运动，被卜棒或钟摆侦测到。如果卜棒术无效，那么，这种表面上的侦测活动也能非常容易地通过无意识运动产生。任何尝试过卜棒术的人都知道，无意识情况下那些钟摆或卜棒有多容易被触动。

这种易操作性使卜棒术特别容易受到暗示。例如，如果一个卜棒者知道一根水管里有水流通过，当他握着卜棒走过水管上方时，很可能会不自觉地做出侦测举动。她不需要欺骗（大多数卜棒者对自己的能力都非常真诚），她会无意识地产生表示有水源存在的微小运动。如此，用盲法进行卜棒术测试变得特别重要，即卜棒者不能知道待测物质所在的位置。

由于克勒维尔·汉斯（Clever Hans）效应的存在，卜棒术还体现了双盲测试的重要性。克勒维尔·汉斯是一匹德国马，它在20世纪初因杰出的能力而闻名。例如，它能做简单的算术，还能回答一些问题，就好像它能听懂德语并能像人类那样推理似的。1907年，一名心理学家对其作了测试，发现汉斯能收集其身边的主人和其他人的暗示。

没有证据表明汉斯接受过训练以收集这些几乎不可察觉的暗示。相反，它似乎能将训练师的微小身体运动与当它答对问题后得到的奖励联系起来。训练师的身体在它答对问题后会不可避免地产生某种运动，汉斯注意到了这点。你不必非得成为一匹马才能发现这些微小的无意识运动，人类也能发现它们。舞台催眠师在读心术表演中也会利用这点，我们中的许多人也能无意识地收集到这些提示动作。

这意味着设计良好的卜棒术测试应该是双盲的——不仅卜棒者不能知道目标物质的位置，在场的其人也不能知道。不然，卜棒者确有可能收集到暗示，无论有意还是无意。这意味着目前的绝大多数貌似进行了条件控制的卜棒术测试皆无效。尽管其中相当一部分做到了让卜棒者不知道目标物质的位置，但极少有测试做到了双盲，即观察者也不知道位置。在设置了双盲法的测试中，卜棒者的表现通常很糟糕，未表现出自己的定位能力不是盲打误撞。

真正将测试条件设置正确的典范是詹姆斯·兰迪在1979年与意大利电视公司RAI一起做的实验。当时,兰迪为成功展示"真正超自然能力"的人提供了1 000美元的奖金(后增至100万美元)。不出意外,几位著名的意大利卜棒者都来展示了能力,并希望赢得奖金。大多普通的卜棒术测试会涉及一系列的容器,一些容器中装了水,一些不装。兰迪和那个电视节目团队则不然,他们设计了一个复杂且巧妙的实验,在一片土地下错综复杂地布置了一系列的水管。水管被埋于地下,地面上有一排阀门切换水流使其流经不同管道。地面上并无水会流入哪根水管的任何提示,卜棒者和观察者都不知道水会流经哪根特定水管。

这样设置水的流动非常有用,因为某些卜棒者宣称自己只能侦测到运动的水。(出于某些原因,很多卜棒者相信大部分地下水都在地下河和地下溪中流动,并宣称自己发现这些地下河到处都是。实际上,大部分地下水都是静止的,地下河并不多见。)兰迪如此布置意味着这种设计可用来测试卜棒者,以满足对水流动的挑剔。这个水管阵被设在了小镇福尔梅洛(Formello),距离罗马(Rome)大约30英里。兰迪准备测试前来挑战的四个卜棒者。第一个挑战者选择了一条与真正有水的管道的方向完全相反的路径。

其他的卜棒者也未拿出好表现。实际上,第二个挑战者在为水管阵供水的水车干涸后还继续"侦测"到了流水,且位置仍然错误。第三个挑战者宣称地下并无水流,而他正好站在进水口水流开端管道的上方。第四个挑战者在前往目标地点时从错误的方向穿过了那条路径。有趣的是,所有卜棒者都被问道,该地是否存在天然水。两人回答没有,另两人描述了地下河流的路线——但他们描述的路线彼此垂直。显然,卜棒者之间的意见并不一致。

当然,这里只有四位卜棒者,样本数太小,但他们在自己的国家都是公认的专家,是该领域的佼佼者,没证据支撑意大利的卜棒者比其他国家的更好或更差。在兰迪实验的前后,我并未找到任何一次测试达到

EXTRA SENSORY

了这种杰出的控制水准,提供了这样一种接近真实的卜棒术环境。

卜棒术有一个特别古怪的地方,一些从业者宣称有能力侦测地面或地图上的地脉(ley lines)。地脉是一个有意思的概念,它是啤酒推销员艾尔弗雷德·沃特金斯(Alfred Watkins)构想出的。沃特金斯出生于1855年,他大部分职业生涯都在马上奔波,他非常熟悉赫里福(Herefordshire)当地的乡间。65岁那年,一次骑马外出,沃特金斯突然想到,英国的乡村可能还残留有史前道路的遗迹。这些"旧直道"或许能通过对齐山坡缺口、古树以及像教堂那样的古建筑来寻找。

沃特金斯在那本发表于1925年的可读性很高的书籍《古老的直路》(The Old Straight Track)中提出了自己的理论,这个理论迅速闻名。此后,许多人都尝试前往探索详细的地图,寻找史前石柱、教堂尖顶和其他地标的排列方式。

对沃特金斯来说,地脉就是原始道路,是地图和路牌出现之前穿越乡村的史前路径。它们并不神秘,他并未用卜棒术寻找它们的想法,就像你不会用卜棒术寻找去最近高速公路的最快捷路径。但地脉这个浪漫的名字被新纪元群体听到后,迅速与卜棒术联系起来。他们假设那些最初开辟了地脉的原始漫游者们拥有现在已失传的智慧,可以标绘并追踪分布于地下的未知自然力。

不幸的是,沃特金斯的书虽然读起来令人愉悦(我会鼓励你去图书馆将它翻出,因为它的阅读体验很棒),但地脉的概念谬误百出。当然,确实有一些排列为人为,比如人们修建纪念碑时会注意彼此的距离,一些设在高山山脊上的地标是为了引领行路者。但实际中,如果你将分布在乡村的杂七杂八的物体——比如教堂、山丘、史前石柱——收集到一块,并寻找它们之间的直线,你会得到很多三个一组的直线,或四个一组的直线。

当你仔细研究这些直线的排列时,你会发现,这些直线通常不精确——在地图上看还不错,但放在地面上会出现较大的偏差。当然,如果直线只是一系列的古代指路标志(如沃特金斯所言),则不是什么大问题，你不能指望史前勘测员们能做到英寸级的精确测量。地脉的划分有多随意？你可以在一个普通的环境里用常见的物体（比如公用电话间、手机基站天线）作体验，你会发现存在相似的直线排列。

撇开地脉不谈，卜棒术似乎是一种无害的处于遥视能力边缘的活动（除非石油公司花大价钱想用卜棒术寻找油田）。所有的证据都指向它是欺骗。从整体上看遥视能力，可能存在一种实际上是心灵感应的变种机制让我们能通过别人的眼睛看到远处的风景，纯粹的无需利用其他观察者的遥视则几乎没有存在的可能。目前，所有的实验都未获得有效的证据。

在我们探索的可能具有物理学解释的基本 ESP 或超精神能力中，遥视是最后一部分。接下来，我们将改变方向，寻找一些试图将科学应用到超心理学领域的最佳（或最差）案例。我们将从著名的大规模系统研究开始，这个研究是约瑟夫·莱因在 20 世纪 30 年代开展的。

7 莱因实验室

你得到了一次旁观超精神能力测试的稀有机会。你被带进了一间宽敞、空荡的房间，房间一边放着一张小木桌。桌子大概有牌桌大小，上面优雅地铺着一张带花纹的桌布，方形桌布的四角从桌边垂下，像极了20世纪20年代的风格。

桌子旁坐着一位年轻男子，他穿着一件夹克衫，戴着领带，看上去并不自在。他正在拼命集中精神，表情颇显扭曲。他的对面坐着另一位年轻男子，个头更高，更威严，他在仔细地观察。桌面四边散布着十几副纸牌，一些纸牌叠在别的纸牌之上。观察的男子在面前放了一个记录本，准备记下即将发生的每一个动作。

第一个男子名字叫休伯特·皮尔斯，他拿起其中一副由观察者选择的25张纸牌，洗牌，然后将这副牌递给对方切牌。接着，皮尔斯拿回整副牌，取下最顶上那张，保持牌面朝下，并告诉观察者他认为这张牌是什么。然后，他小心地将这张牌放在桌上。全过程，他并未看过此张牌的牌面。如此重复，观察者记录了皮尔斯的每一个决定。当整副牌被猜完之后，皮尔斯拿起这副牌，翻过来，一张一张地检查，让观察者以科学的审慎态度记下真正的牌面（正确答案）。

这一测试是人类第一次系统性地研究超精神能力。在经过多次的类似测试后，研究者确定地宣布，"休伯特·皮尔斯拥有超感官知觉"。他得到的分数接近随机概率期望值的一倍——进行多次测试，这种分数无原因发生的概率应小至天文数字。除了那张喜庆的桌布外，测试全程采用了专业的实验手段。我们刚刚见证的是20世纪30年代杜克大学进行的数千次测试中的一次。

19世纪末20世纪初，人们对通灵现象特别是灵媒有着普遍兴趣，且科学家在检验这些可疑的从业者时得出了不一的结果。实际上，很多科学家对受试对象可能会涉嫌欺骗准备不足，人们对可能具有科学解释的心灵现象探索较少。直到一个人闯进这个领域并引发了戏剧性的效应后才有改观。他成就很大，虽然他在20世纪30年代才开始这方面的研究，但今天的你思及超精神能力的科学研究时，他的名字仍会第一个浮现在你的脑海——约瑟夫·班克斯·莱因。

莱因最初接受的是植物学家的训练，正是他提出了"超精神能力"这个方便的概念。他的研究方法存在一些较严重的缺陷，但他是首个尝试将严肃的实验条件应用到大规模实验室测试中的人，他的实验室设在北卡罗来纳州的杜伦。莱因相信超精神能力存在，并决定在实验控制条件下证明这点。这种实验控制条件在之前的超精神能力展示中并不存在，那些展示很少会超越灵媒和降神会的"站立式魔术表演"氛围。

一些对超自然能力持怀疑态度的人感觉莱因是个例外，他们认为莱因的研究揭示了精神确实能产生微小且可测的效应。不过，杜克大学研究的真实结果和研究的执行细节却鲜有人记起。只有他的名字与有着抽象图案的特殊纸牌形象成为了这一早期研究的标志。

为了更好地理解他的研究，我们需要介绍一下莱因。通常，他的背景会遭到人们的轻视，就像我之前所用的轻蔑短语"最初接受的是植物学家的训练"。这种话似乎是故意使他倾向于只是一个采集野花的学者，对通灵研究的大千世界毫无头绪。实际上，约瑟夫·莱因和他的妻子路易莎（Louisa）都是著名的科学家，都获得过芝加哥大学的生物学博士学位，并在该领域拥有丰富的授课经验。

莱因夫妇判断，心理学及超常现象与他们所教的生物学相比，是个更有趣的主题。于是，他们转向了这方面的研究，这个动作在当时无疑是拿自己的职业生涯冒险。莱因阅读了英国利物浦大学的奥利弗·洛奇教授做的心灵感应实验，似乎从中受到了激励，带着妻子一道改变了职业方向。

莱因并非像人们有时指责的那样在业余玩票，他悉心研究了实验心理学，就像他在从事生物学时那般认真。（如果莱因的文件值得信赖，那么，路易莎似乎在真正的研究中并未占据重要地位。）1926—1927年，他们在哈佛学习了一年时间。在那里，他们接受建议学习了沃尔特·富兰克林·普林斯（Walter Franklin Prince）博士的《通灵研究领域内的骗术特征》课程，博士是一位美国圣公会牧师，曾与哈里·霍迪尼一起调查过灵媒欺骗现象。之后，约瑟夫和路易莎搬到了杜克大学，并在该领域展开研究。

在杜克，约瑟夫·莱因曾开展了一项为期三年的实验，并得到了初步结论。实验并未就此结束——实际上，直至今天，莱因研究中心（Rhine Research Center）仍在运行。只是中心不再归属于杜克大学，因为莱因已在1965年退休。随着时间推移，它似乎由一个质疑探究的组织变成了促进和鼓励超常活动信仰的组织，失去了伴随莱因最初研究的最重要的批判性眼光。例如，尽管你能找到听上去很科学的关于"人类生物力场"和"ESP和运动自动症"的研究，但在中心（和杜克大学在同一条路）你还会发现"通灵体验小组"和其他的新纪元活动，中心宣称，"自己在科学和灵性之间架设桥梁"。

莱因并没有一开始就试着实时观察超心理学活动，或者发展支撑其起作用的理论，而是试图对各种被归为ESP的能力进行分类。这看起来似乎很笨，某些科学家可能会提出我们这里介绍的完全符合植物学的"集邮"本质（伟大的物理学家卢瑟福著名的评论，"除了物理学，所有的其他科学都是集邮"。生物学家尤其如此，他们大部分时间都在做分类和记录工作，而非解释现象）。不过，莱因做好了准备，指出了其他研究者可能会犯的错误。

他提出，如果你观察到一个超精神能力现象，很容易忽略那里真正发生了什么。"我们将看到，"他说，"实验中只固守一种假说却未能全面考虑其他可能假说的危险——这似乎是人类思维中最危险之处。"一位持怀疑态度的观察者可能会认为莱因的意思是人们可能试图伪造心灵能力，他在接受普林斯博士训练时显然已意识到了这种危险。实际上，他考虑的是，观察者会很容易对其在一个多少有点神秘的世界里看到的能力是哪一种而感到迷惑。

例如莱因后来重复了数万次的经典心灵感应实验。先让某个人看一系列的纸牌，然后试着用意念将其看到的纸牌牌面传递给接收者。如果实验设置了正确的控制条件，接收者应无任何办法用她的普通感官知道牌面是什么（由此得到了"超感官知觉"或 ESP 这个标签，就像莱因提出的"超精神能力"概念一样。）不过，就算这个实验百分之百地成功了，也不能确定心灵感应存在与否。

假设我们将上述设想改为接收者能施展遥视能力。这种情况下，她将不再是接收了发送者的念头，而是看见了纸牌，要么是直接看到，要么是通过发送者的眼睛看到。显然，结果与心灵感应能力一样。正如莱因所指出的，这种他经常使用的测试"应对的是未分类的 ESP，要么是心灵感应，要么是千里眼，或两者兼有"。实际上，莱因提出，截至当时，所有的心灵感应测试包括他的早期研究在内，都不能排除千里眼或遥视表现为心灵感应的可能性。

一旦你开始以这种观点看待此问题，那么，发明一种能单独检验心灵感应的适宜测试将变得困难，这取决于你要考虑哪些超精神能力。如果你试图排除遥视的可能性，那么发送者在实验进行时就必须不能看到纸牌。如此，接收者将无法使用超精神能力偷看纸牌。这里，我们还未排除预知能力。如果接收者真有可能预见未来（我们介绍过，这种超精神能力似乎不太可能），那么完全排除其作为一种发现信息的方法是非常困难的，因为在未来的某个时间点某个人会不可避免地发现真正的信息。如果你能看到时空中的任何一点，你面前将不再有任何秘密。

为了避开预知能力的干扰，必须用双盲法对测试结果进行编辑，使记录结果的人无法知道自己记录的是哪一名接收者。唯一能规避这种方法的就是接收者具有某种形式的后瞻（postcognition）或倒摄

（retrocognition）能力——这种能力与其说是回溯过去还不如说是预见未来。在某些时候，发送者必须被告知发送哪一张纸牌（除非发送者能不假思索地决定发送哪张纸牌，后面我们会讲到这本身会带来哪些麻烦），且接收者还能在未来某个时间点回顾这一刻。

令人惊讶的是，预知似乎远比后瞻被人研究得多。预见未来似乎远比回顾过去具有更强的能力，它更能令人兴奋——毕竟，"预测"上周的乐透彩票结果可不是什么优势——（预知）也更易测试。因为，除此之外，没有其他办法可以让受试对象获得未来的信息。当然，尝试将后瞻能力应用到历史上广为人知的事件也毫无用处。但尝试用后瞻能力获得一周前被选的纸牌牌面却并非完全无用，居然没有多少人研究这个，真是令人惊讶。

避开后瞻这种可能性的一种办法是不让发送者看到纸牌，而是通过耳机给其发送纸牌的详细信息。撇开遥视的可能性不谈，可能还存在遥听能力（或顺风耳，也是我们知之甚少的东西），这至少能防止任何形式的窥视，无论是过去还是未来——除非能看到通过耳机传输的信息源头。

莱因的研究从检验来自过去五十多年的实验的已有数据开始，这些实验的方法和控制条件设置多样。最后，他发现很难将其整合起来。虽然他大体上感觉似乎有些结果取得了一定程度的成功，但这种成功依赖于相对随机概率偏差较小但具有统计学显著意义的差异。

这里，有必要简述一下"统计学显著意义"的含义，此概念在科学术语中很常见，且在基于实验室的 ESP 研究里具有重要意义（因为 ESP 研究通常依赖于统计学证据）。受试对象在接受心灵感应和其他超精神能力的验证时，经常会碰巧回答正确。假设，你拿一副普通的没有大小王的纸牌，混乱洗牌后随机拿出一张，且在我不看牌的情况下要求我答出这张牌是什么（不管花色）。如果我没有超精神能力，我猜中的概率应为 1/13。

为了证明超精神能力的存在，我的表现必须显著好于随机概率

(1/13)。如果我每次都能猜对，那么，很显然，我以某种方式获得了信息——无论是不是 ESP。大多数超精神能力研究者都认为这种完美分数非常可疑，因为它"好过了头"。所以，实际上，被认为成功的分数通常介于随机概率和完美分数之间。问题在于，界限应该划在哪儿？你可能会想，只要高于 1/13 就是阳性结果，但事情并不这样简单。

当我们说我有 1/13 的概率猜对纸牌时，并非说我们每次都是在第 13 张牌时猜对。实际上，如果真是这样，一定会非常怪异。为了更好地理解概率，我们来做一个真正的实验，研究一个更简单的挑战——猜硬币被掷出之后的正反面。假设这个硬币是一个普通且公正的硬币，猜中的概率为 50%，正反两面的可能性相同。所以，如果我预测结果将是正面，那么，我在没有预知能力的情况下，只有 50% 的概率猜中。我猜测的次数大约有 50% 是对的。

在写下这段话的几分钟前，我做了一个非常粗糙的预知实验。我预测了 10 次掷硬币的结果并记录了自己的预测。之后，我掷了 10 次硬币以观看自己的战绩。（你为何不试一试？没有什么比亲身尝试更能促进你对此的理解。）这是一次真正的实验，我严格执行，并未作弊。我做这个实验时是单独一人，故而不会被人接受为科学证据，因为没有控制条件。我的预测如下：

正反正正反正反反反正

接着，我掷了 10 次硬币，并得到如下结果：

正反正正正反正正反反

我必须坦白，当前 4 次连续正确时，我开始变得紧张。记住，如果试着写下一系列随机的结果，我们不可能预测出真随机性的情况。前 8 次抛掷中有 6 次是正面，这并不能说明硬币存在偏倚。随机序列确实会

EXTRA SENSORY

倾向于出现比我们预计的更长的重复值。记住，硬币没有记忆。就算7次抛掷后掷出了5次正面，下一次投出正面的概率仍然是50%。

现在，我们看一下我的得分是如何来的。我将两组数值放在一起：

预测： 正反正正反正反反反正
真实： 正反正正正反正正反反
猜中： 对对对对错错错错对错

那么，在前4次抛掷后，我的命中率是完美的100%。如果我想骗人，这时的我可以选择停止实验，宣布自己是通灵大师。接下来一连串抛掷，我的运气都很糟糕。实际情况是，在5次抛掷后，我的正确率是80%；6次后降到了67%；7次后降到了57%。第8次抛掷硬币后，正确率回到了50%，这是纯随机情况下的期望概率。

现在，这里有一个有趣的由概率催生的人为操纵技巧，它可以让那些试图用概率决定超精神能力效应是否存在的不警觉者上当。无论结果如何，下一次掷硬币必定会使我的命中率偏离完美的随机概率。需要强调的是，如果是奇数次抛掷，我必定会高于或低于随机概率。（这非常重要，因为一些超心理学家宣称，猜错率高于随机概率这种被称为"超精神能力错失"的效应和猜中率一样，也能证明ESP的存在。所以无论第9次抛掷——或者任何奇数次的抛掷——发生了什么，如果测试停在那里，他们都会宣布这是超精神能力存在的证据。）

如你所见，我第9次猜中了，所以我的成功率爬回到56%。不过，第10次抛掷又降回到50%。老实说，这是侥幸——完全相同的概率下，如果最后一次抛掷扔出了相反的一面，成功率会升到60%。我的样本实在太小，不能保证接近50%的命中率。

这个小巧的实验证明了在报道结果依赖于统计学的实验时，你必须非常小心。第一个陷阱是挑选结果（cherry-picking）。这次真实的抛掷硬币实验完美展现了挑选结果的可能性。如果我决定只使用前4次抛掷的数据，我将得到满分的结果。相反，如果我觉得有理由只挑选中间4次的数据，我将得到完全失败的结果。如果我将10次实验的结果作为一个整体，我的命中率恰好为随机概率：50%。当然，这次试验的样本数比真正的超精神能力实验小太多——但我们必须牢记，很多例子中"成功"的超精神能力都依赖于小到相当于猜中率为52%或53%的程度。

挑选结果会导致结果发生巨大变化，这说明提前决定一次实验要做多少次测试并坚守这个决定非常关键，而不是寻找借口砍掉总体结果的某些部分，或提前停止。（例如，我自己的测试中途，硬币掉了。如果因为这个原因决定忽略后面的几次猜测，必将无可奈何地影响结果的准确性）从这里的描述可以看出，这样对结果进行挑选傻得不可救药。的确，显然，只选择前4次或中间4次并单独分析，实验将丢失可信性。但在现实中，即便科学家也有经不起诱惑的时候。

为了说明为什么会发生这种事情，我们考虑一个稍微现实一些的实验设计。实验将测试一个人的超精神能力，或许他能施展心灵感应或遥视术侦测到一系列纸牌的牌面，就像我们在本章开头介绍的莱因实验那样。这种测试的次数几乎总是有限的，莱因使用的纸牌测试，每轮只猜25次。

我们假设做了第一轮测试，实际上是热身熟悉实验方法。如果此次热身的结果很糟糕，实验对象或研究者决定丢弃这轮结果的做法似乎是合情合理的。毕竟，这只是热身，本就没打算将其纳入记录。不过，如果此次测试非常成功，猜中了20次。那么，将其纳入被记录的结果则有了正当的理由，且理由充分。故而，你会将它算入最终结果中。如此，你无意识地沉入了这种灾难性的挑选陷阱。

从我的小实验中可以得出的第二个结论是，我需要足够大的样本才能合情合理地确信自己看到的数据反映了真实结果，因为随机变异意味着相对较小的样本数（例如我的前四次掷硬币）不是有意义的测试次数。到底需要多少轮测试，取决于测试的性质以及要与什么进行比较。

EXTRA SENSORY

这就是"统计学显著意义"发挥作用的地方，我们等会会回到此处再讨论。

我还提到过，任何测试的结果，高度依赖于你何时决定停止实验。记住，正如我在前面发现的，类似这种期望猜中率为50%的测试，如果每次实验都是奇数次数的测试，将永远得不到精确随机概率。偶数次数的测试，我可以猜中50%猜错50%；奇数次数的测试，我一定会比50%多猜中1次或少猜中1次。

实际上，我的实验（至少）还要考虑一个特性，这个特性源自我选择掷硬币实验的物理过程。事实是，掷硬币轻微依赖于硬币的起始状态。我轻弹硬币，弹硬币前正面朝上的硬币在被掷出后正面仍然朝上的概率会稍大一些，即便与随机概率的偏离很小——例如，如开始时，硬币的正面朝上，掷出的硬币正面朝上的概率大约为51%。但这并不意味着硬币的起始位置应当平均下来，例如规定掷硬币者在开始抛掷前轮流使正面和反面朝上。

你也许会思考，解决了上面这些简单问题后，就能解决可信性问题，就能经得起分析统计学过程中的任何问题的考验了。事实是，很多未经良好统计学训练的科学家吃了苦头后才发现，统计学的魔鬼深入各个细节。试一下这个小小的抛掷硬币难题，看看你能否做出正确的决策，并正确解读实验的结果。

假设，为了进行预知能力测试，我不是没完没了地抛掷同一个硬币，而是拿了一大堆硬币，每次抛掷一个，一个接一个地抛掷。这些硬币都是公正硬币，正反两面的概率皆为50%。我一个接一个地抛掷这些硬币（抛掷完的硬币留在桌上），直到"正反正"的序列出现。这时，我停下来，对硬币计数。接下来，我多次重复这个实验。

实验的第二部分，我再次抛掷硬币，将其留在桌上，直到"正反反"的序列出现。此时，我停下来，对硬币计数。接下来，我多次重复这一部分的实验。平均而言，你认为产生以"正反正"结束或以"正反反"结束的序列，哪一种情况需要抛掷更多的硬币？或者，两者需要的硬币一样多？

常识告诉我们，结果很明显。除非你使用了超精神能力影响了抛掷，平均下来两种情况需要的硬币数量是一样的。当然，如果我拿3个硬币进行抛掷，"正反正"和"正反反"出现的概率是相同的。但是，出人意料的是，上面这个实验中，情况不同。平均而言，产生"正反反"需要的硬币数比"正反正"要少。

请思考一下，这是怎么回事。

这里，存在一个狡猾的概率论问题，它不是那么明显，被很多科学家忽略了。在两种情况下，必须先连续出现"正反"才能得到表示测试停止的序列（"正反正"或"正反反"）。假设你在下一次抛掷硬币时，得到了错误的一面。即如果你想掷出"正反正"，结果却掷出了"正反反"，反之亦然。现在，"正反反"拥有优势。如果你想要"正反反"，结果却掷出了"正反正"。这个错误的序列中最后一个硬币是正面。那么，你现在只需掷出"反反"，两次抛掷，就能从此处完成这个序列。如果你想要"正反正"，实际上获得了"正反反"，那么，这个序列最后一个硬币则为反面，此时的你需要掷出"正反正"，至少需要再来3次抛掷，才能完成这个序列。

再细致分析一下，硬币正反面序列结束的那一面，也是重新抛掷开始的那一面。如果你想掷出"正反正"，得到的错误结果"反"会产生一个不好的起始点，故而你必须抛掷更多的次数。这个古怪的概率论小问题足以让你在预知测试中获得比你期望的更好的概率。或者，你可以在心灵致动测试中做这个实验，尝试迫使"正反反"序列出现——你的得分会比随机产生"正反正"序列更高。诚然，这个测试做起来异常复杂，但这种陷阱会导致单纯靠操纵统计学就能造成超精神能力存在的假象。

我们在前面介绍过，当期望值为50%时，51%的猜中率并不能充分说明什么。实验人员必须获得足够的超额猜中次数，才能合理地置信实验结果不是偶然发生，统计学显著意义的概念正是从此处介入。这个概念估量的是某件事偶然发生的可能性有多大，从而估测某个原因导致该事件发生的置信度是多少。

这个问题可以得到解决，因为随机事件通常会符合某种分布。在这些分布中最有名的是正态分布，也称"钟形曲线"，因为正态分布的曲线看上去与钟的形状相似。曲线有一个高峰，中心对应的是期望值，然后朝两边下降，结束于两边的长尾，对应的是逐渐降低的发生率。在抛掷硬币时，你抛掷的重复次数越多，可预期抛掷结果的曲线越符合正态分布。

一旦你知道某个事件的发生符合正态分布，就可能将"显著性水平"分配到任何一个实际获得的结果上。例如，5%的显著性水平意味着实验的这个结果有5%的概率是纯粹偶然发生的。

在人文科学研究领域，5%通常足以达到证明水平，但其他大多数学科会认为应用该水平发生错误的概率太高，会选择用1%、0.5%，甚至更低的概率。如果没有其他因素影响这个结果，想达到任一特定的显著性水平，可用简单数学计算出在一轮测试中需要"命中"多少次。

不同大小的样本数会产生不同的影响，以我的这个简单的抛掷硬币的实验为例。假设我总共抛了100次硬币，随机概率下，可以期望我会猜中50次并猜错50次，但如果我猜对60次会如何？它的显著性有多少？这种情况的显著性水平大约为2.8%。2.8%意味着什么？意味着可能性很小，大约每做35轮这种实验会发生一次这种情况，并不是绝对不发生。除非生死一线，否则你绝不会将赌注放在这上面。

假设我们继续做这个实验，直到我预测了1 000次后，仍然猜对了60%。直觉上，这个结果应该要好上10倍，那么随机发生的概率不是每35轮发生1次，而是每350轮实验发生1次，可能性很小，但仍有可能发生。不过，实际上，在随机情况下，我们做1 000次预测猜对600次的概率会小于七十亿分之一——这个概率比赢得大乐透彩票的概率还小。发生这种情况，你可以打开一瓶香槟庆祝胜利了。这恰好反映了莱因即将做的工作的重要性。他完成了足够多的实验，如果没有其他可能

（比如欺骗或挑选数据），那么，超精神能力是极有可能的。莱因实施的很多实验得到的结果随机发生的概率是数十亿分之一。

这里，要提防一个重大隐患。一些本应了解实情的观察者会将这些极小的概率作为心灵感应或其他超精神能力存在的证据。在看完一系列特定实验的显著统计学结果后，当时的剑桥大学教授查理·布罗德（Charlie Broad）评论道，"这些结果从统计学上极为显著地证明了心灵感应能力以及预知能力的存在"。作为哲学教授，布罗德本应认识到证明某件事不能归因于随机发生，并不能证明它的发生有特定的原因，只能说明它的发生是因为某个原因。这些统计学数字以及其他数据，包括约瑟夫·莱因所做的巨量实验，确实表明实验结果不是单纯的巧合。但它们并未告诉我们，结果到底应该归因于超精神能力、数据的误读，还是欺骗。

莱因观察到了一个关键现象：某些个体的表现明显好于其他人，如果你仅使用这些个体的数据，结果将给出高到不可思议的置信度，远超随机概率。

事实是，选择那些在第一批测试中表现不错的个体重新测试，是科学的。如果他们确因某种先天能力而表现不俗，应能在后续测试中继续发挥好的表现。相反，只挑选出那些在第一批测试中表现不错的人的结果，并将其作为最终结果是完全错误的——这是最糟糕的一种错误挑选方式，因为这种做法提高了分数，不客观。在任何一组数值中，即便是完全随机的数值，也会有一些数值高于平均，一些数值低于平均。挑出表现"最好"的对象作为特殊能力存在的证据，没有意义。

假设被检测到的真实效应不存在，"猜中"数量随机发生的期望值是在25次尝试中发生5次。实际上，你不会每做一轮实验就猜中5次。"5"只是最可能的结果，你会经常得到"4"和"6"，或者得到"3"和"7"。偶尔，你还会得到超出这些范围之外的结果。不过，长期而言，你可以得到大约为"5"的平均值。

如果你确定某组特定数据包含了可以得出心灵感应能力存在的分

数，并只计入这些分数，你会立即将平均值推到"5"以上。真正的统计结果只会显示预期概率，但如果对数据进行挑选，你能使结果显得极为显著。毫无疑问，这样一种方法，有挑出表现"最好"的对象的想法作为支撑，造就了某些 ESP 测试的表面成功。不幸的是，这样操作很容易丢弃掉其他结果。显然，这是一种急功近利的做法。

公平地说，莱因并不建议将这种挑选手段视为理所当然。他在开始自己研究之前评估过前人的实验，还做出过评论。斯坦福的约翰·E. 库弗（John E. Coover）教授的研究，是他评论过的研究之一。莱因指出，"库弗的结果只是略显阳性（随机发生的概率大约是 1/40）。这些结果不够显著，但研究中却有一些个体的表现远好于其他人"。莱因继续指出，"如果你只考虑这些个体的结果，那么，结果将变得极为显著——20 倍的概然误差"。莱因想说明，库弗本应重新测试那些表现较好的个体——如果他不保留那些挑选的结果，是完全可以接受的。他认为允许挑选的做法存在极大疑问。

这种对数据漫不经心的倾向似乎困扰了早期的超心理学研究，这也是很多人声称早期研究必须打上疑问标签的原因之一。大体上，心理学作为科学的一个分支，与其他学科相比普遍存在这种问题。例如，说说最近（2012 年 6 月）发生的一件事，在荷兰鹿特丹伊拉斯谟大学（Erasmus University）工作的比利时心理学家德克·斯梅斯特斯（Dirk Smeesters）引咎辞职——因为一个专家组发现他的科学诚信出了问题，因为他对结果进行了挑选。

斯梅斯特斯的研究被专家组诟病的方面是，他在一些论文中对数据作了美化，以加强自己希望得到的结果。一个不明揭发者检查了斯梅斯特斯的结果，提出这些结果太好，不可能是真的。斯梅斯特斯使用的技巧是在分析时去掉来自那些似乎未仔细阅读研究指南的参与者的数据——当且仅当去掉这些数据时，整个结果更偏好于他希望得到的结果。斯梅斯特斯声称，这在他的研究工作中并不罕见。他争辩，"科研界的文化就是这样，很多人一声不响，有意遗漏数据，以获得显著性结果"。

在考虑超精神能力实验历史数据的可靠性时，这是一个不可避免的主要考虑因素。

莱因开始做一些简单的实验，想看他能否找出一些强力对象，以进行更详细的测试。有趣的是，总结这些早期实验，完全找不到超精神能力存在的证据。事实上，莱因的研究很重要。将阴性结果视为失败是易犯的错误，即使最好的科学家也通常会对阴性结果感到失望。然而，结果是阴性这个事实本身仍是有价值的证据。这不是失败，与阳性结果一样，它也很重要。

在第一次实验中，莱因在成群的夏令营儿童中开展了"猜谜比赛"。（现在，很难想象有心理学家能在家长未签一大堆免责声明的情况下如此操作）莱因握着一张纸牌，上面印着0到9之间的某个数字。他看着纸牌，集中精神。孩子们拿着铅笔和卡片纸，写下他们猜测的纸牌数字。经过大约1 000次实验，结果未发现任何儿童表现出具有明显的超精神能力。（如果出现阳性结果，可能是由于心灵感应或遥视能力的存在）

第二次实验的目的更加明确，他希望能找到遥视能力，相似的数字（有时候是字母）被封在了信封里，信封被发给了莱因和同事卡尔·齐讷（Karl Zener）管理的一个班的学生手上。学生被要求"在特定的安静和放松条件下"对信封进行冥想。大约1 600次尝试后，实验被放弃了，"部分因为耗时费力，部分因为失败的迹象"。总体来说，未发现显著结果。不过，有一个对象被认为具有进一步研究的价值，因为他在两轮测试中都拿到了最高分。

虽然我们没能掌握到很多细节，但两次实验似乎都暴露在作弊的危险下，尽管最后未发现有任何证据支持作弊的存在。（通常，人们容易陷入一种思考，没人会为了让结果更像随机发生而作假。）在第一次实验中，莱因所看的那张纸牌似乎是打开握在手里的，的确存在被人偷看的可能。在第二次实验中，我们无法确定他们是否采取了预防措施以避免学生尝试偷看信封里的内容。

EXTRA SENSORY

客观地说，莱因确实对实验步骤进行过评论，似乎暗示实验中存在作弊的危险。他说：

> 在进行这些实验时，并未从一开始就仔细计划好步骤。在这种研究中，还是有必要继续这样做的，因为研究者随时准备调整计划，灵活修改方法和条件。只有总体目标、实验方法和分析标准才需要固定下来。通常，一批研究变得毫无价值是因为没有防止可能的错误或欺骗。不过，如果因此有机会发展一位可以在后续实验条件改善情况下继续研究的好的实验对象，我们会放宽条件，记录下他们，就像他们真表现出了超能力一样。

我不是魔术师（除了曾在高中魔术社团里短暂玩耍过），但我确实对控制性实验有一定了解，莱因的这段坦诚的自白确实提到了几点值得担忧的地方，我们应赞赏他的诚实。如果实验步骤中暴露出不足，我们的确应对其修改，但我们更应该从第一天起，就全力让控制条件变得富有成效。

莱因所言的灵活性非常危险。还有一个问题，控制条件糟糕的实验得出的阳性结果很难被忽略。用莱因自己的话说，对于这种实验，"勒克龙（Lecrone）先生的控制条件并不完美，但他们的确做了 1 710 次测试，这使他相信超感官知觉是真实的"。尽管勒克龙（疑似莱因的前学生）的控制很糟糕（当然，"不完美"的说辞可以掩盖很多罪孽），但实验说服了勒克龙先生，并被莱因认为值得报道。这里彰显了糟糕的实验控制条件造成的危害。

很难理解为什么莱因说，"需要放宽防止可能的错误或欺骗的条件才能发展一个好的实验对象"。这听起来非常糟糕，就好像欺骗本就理所应当。开发出了好的控制条件，为何要放宽它们？除非是某人想绕开这些条件的压力。

在这次早期的实验中，被认为值得进一步研究的那个实验对象是

A. J. 林茨迈耶（A. J. Linzmayer）先生。在做了两次实验得到了临界结果后，杜克团队想办法让林茨迈耶回来接受更多的测试。约瑟夫·莱因恰如其分地概括了林茨迈耶先生：

> 在开始参与我们的研究时，他是这所大学的本科生。他是德裔美国人，非常健康，是一位正常、灵敏和聪明的年轻男子。他很友善，很容易交朋友。虽然他非常可靠，甚至可以说办事有条不紊，但林茨迈耶的个性里似乎还存在少量的艺术气质，几乎没有开发……从林茨迈耶身上看不到哪怕一点儿不诚实的迹象。他小心翼翼地避免自己得到任何不当的优势。

到这时，莱因的手写纸牌已被放弃，他的团队使用了标准的 ESP 或"齐讷"纸牌，由卡尔·齐讷为莱因设计。每副纸牌 25 张，分为 5 种完全不同的设计：圆、十字、波浪线、正方形和星形。选择这些形状（有意以上述 5 种形状中的 1 到 5 种组成）而不是传统的扑克牌是因为它们作为心理图像更具有辨别性。

最后发现，林茨迈耶获得了极大的成功。在 600 次尝试中，随机概率预测大约能猜对 120 次，但他猜对了 238 次。这远超纯随机概率：无原因的前设下发生这样事情的概率的确存在，但这个概率非常小。莱因指出，有一轮测试（25 次猜测），林茨迈耶猜中了 21 次，其中连续猜中了 15 次。这轮不可思议的成功测试发生在莱因的汽车实验室里。当时，发动机启动着，也许是为了提供背景噪声，以减少实验对象听到无意识低语的机会。

据莱因所言，林茨迈耶向后靠在座椅上，这样他就能看着车顶。莱因坐在他的身边，从一副纸牌中抽出一张，看一眼纸牌的图案，将其放在林茨迈耶膝盖上的一本记录簿上。显然，林茨迈耶要么真的拥有天赋，要么是在欺骗（有意识或无意识）。不幸的是，后一种情况在早期的齐讷纸牌上具有较大的发生可能，特别是在汽车这个怪异的宽松环境里。

EXTRA SENSORY

甚至，莱因本人也承认这次试验的实施方式存在问题。他记录道，"林茨迈耶大声说出卡片的图案，而莱因回答'对'或'错'"。这种做法本身存在缺陷——齐讷纸牌只有25张，因为猜答案的人可以即时知道自己答案的对错，这显然会影响后面猜测的正确概率（通过排除法，更利于猜对）。用一副齐讷纸牌算牌比在赌场算21点纸牌更容易，实验人员甚至都没意识到。

此外，莱因还告诉我们，尽管正常而言他会在每次叫牌之后记录下实验结果，但这次他只是心里记住了结果，在最后一并写下。"这种随意的做法可能有助于连续15次猜中的结果的出现"，他评论，即便莱因本意不是如此。

在描述这次连续15次猜中的过程时，莱因上了统计学数据挑选手段的当。"连续成功猜对15次纸牌的概率是$(1/15)^{15}$"，他说。毫无疑问，这种可能性非常小，但这是一个非常小的样本，选择它纯粹是因为结果很突出。回忆一下我抛硬币的体验。如果我抽取前4次抛掷，全中，我就能获得一个与全部次数相比完全不同的结果。只要你对数据进行挑选，就不应再考虑进行任何科学视角的解读尝试。

回想起来，很多使用齐讷纸牌的实验都存在重大问题，如果受试对象有作弊动机（比如获得经济奖励），这些问题就会恶化。最初的纸牌是印刷在纸片上的，纸片很薄，有可能从纸牌的背面看到图案。纸牌的图案最初的设计很糟糕，有些符号比其他符号更大，更容易辨识。后来，当纸牌被制作得更厚更不透明，仍然存在某些符号能从纸牌背面被读到的情况，因为不同的符号会在纸牌边缘产生不同的印迹。再次，即使纸牌的设计完美，仍然存在作弊的可能性，因为发送者和接收者都在各自的视线范围内，通常两者只隔着一张桌子且面对面地坐着。

在这种情况下，魔术师会用一些众所周知的技巧骗人。有时候可利用反射看到牌面，例如，利用发送者的眼镜或者房间中的一块金属。有时候甚至可以利用发送者眼睛的瞳孔作为镜面。在这种情况下，纸牌的5种图案的简单和高辨识度会使其成为作弊的理想之选。例如，稍微瞥到一眼星形或波浪线的扭曲反射图像,就能辨认出某张纸牌。

相似地,如果接收者曾被单独与纸牌留在一起,就提供了让人操作纸牌的空间,使其可以从背面读出图案。例如,可以在纸牌上划下小的刻痕,或者在背面用细铅笔留下记号。就其本身而言,这种作弊机会并不意味着特定的某次实验不可信,但如果没有检查手段确保纸牌不被留下标记,实验貌似获得的成功结果似乎也说明不了问题。特别是在早期的这种研究中,控制手段很有限,实验过程的记录很不规范。

最后,还有一个随机性的大问题。要使一副牌随机化,手动洗牌是一种非常不可靠的方法,在莱因的多次测试中,受试对象被允许自己洗牌。如果由一名专家妥当地洗牌,还是可以信赖的;但如果洗牌者拥有合适的技巧,有多种洗牌方法能产生特定的纸牌顺序。从另一方面讲,很多人完全不会洗牌。如果拿出一副新的齐讷纸牌,洗牌后,纸牌完全可能会出现部分可预测的顺序。

即使洗牌很完美,齐讷纸牌组的结构(或者至少是其使用的方式)意味着,纸牌的抽取顺序会不可避免地偏离随机期望值。问题在于,纸牌组中每种符号只有 5 张。因为纸牌在每次猜测之后都会被丢弃,而不是重新插入纸牌中,这使符号出现的顺序不太可能是真正的随机序列。如果我从一副齐讷纸牌中抽出的前 2 张纸牌都是三角形,如果不丢掉,按照真正随机性,下一张牌也是三角形的概率仍然应当是 20%。

不过,实际上,我手里剩下的是,3 张三角形和其他四种图案的纸牌各 5 张。所以,下一张纸牌为三角形的概率是 3/23(13%)而不是 1/5(20%),概率显著降低了。纸牌会自动倾向于产生比随机性要求的更少的长序列,再加上人类天然倾向于构想重复较少或不重复的序列,仅因为这种统计学问题,你最后会得到一种虚假的表面超精神能力证据。

我们只是不知道在林茨迈耶的测试中,控制条件有多严格。莱因评论过林茨迈耶的那轮 25 次猜中 20 次的测试,"在这轮测试中,在发牌和摊牌时,他并未看纸牌"。言外之意,似乎是这次实验的大多数时间里，林茨迈耶可以看纸牌。不幸的是，除了一次匆忙安排的 900 次测试的实验之外，莱因没能进一步测试林茨迈耶。莱因说，"哎！在与林茨迈耶做了 3 天最令人兴奋的实验后，他必须离开了。"

当熟悉受试对象后，莱因继续勤奋不懈地参与测试。后面获得的实验结果没能达到林茨迈耶的分数，但大多数人都以较好的置信度水平取得了比随机概率更好的表现。如果你真能看见纸牌或者阅读到某人的思想（这本身就非常有趣），这种测试永不会产生这种结果。

莱因似乎有意带头忽视情感联系和压力是促发心灵感应的可能机制，可他却真诚相信经济激励能带来最好的超精神能力。坦率地说，他相信金钱诱惑能神奇地集中精神。不过，很多人也许会认为，通过结果获得金钱是作弊的良好动机。

这种效应最戏剧化的一个例子是在大萧条时期所做的一次测试，当时莱因的受试对象是我们在本章开头介绍过的休伯特·皮尔斯。他在一轮测试中准确地猜对了全部 25 张纸牌。奖金非常高，莱因提供了猜对一张牌 100 美金的奖励。在当时，2 500 美元不是小数字，当时一栋房子的平均价格大约为 3 400 美元。对经济紧张的皮尔斯来说非常不幸，莱因后来声称自己承诺的奖金只是在开玩笑。有趣的是，莱因在他的书中叙述皮尔斯研究的细节时却只字未提金钱激励。

莱因对皮尔斯的简述非常直白。皮尔斯当时是杜克宗教学校（Duke School of Religion）年轻的卫理会牧师学生。莱因对他的简述是：

> 非常忠于他的研究工作，但在神学上相当开明。他非常友善和随和，对人礼貌。他的个性中还有相当广泛的艺术倾向，主要表现在音乐兴趣和作品，但也扩展到了其他艺术领域……皮尔斯参与的所有研究都经过了仔细的见证；但我愿意再强调，我完全信任他的诚实，尽管在这项研究中，我会虑及每个人的诚实问题，无论这个人是不是牧师。

希望他们确实考虑过诚信问题并将其置于严格控制之下，因为再一次，研究中的实验人员使用了早期的齐讷纸牌，这种纸牌有着从背面看到图案的高风险。即使早期的莱因测试想尽办法避免受试对象看到发送者和纸牌内容，但仍然存在一些较严重的缺陷。

我们将看到，即使将发送者和接收者置于不同的房屋，研究得到的貌似令人印象深刻的结果也很容易在没有任何心灵感应发生的情况下获得。

皮尔斯最初的测试成绩非比寻常的稳定。在 2 250 次测试中，他成功了 869 次。随机概率为 25 次猜中 5 次，与此比较，他相当于平均 25 次猜中 9.7 次。实验步骤的确有一些奇怪之处，莱因说，在这次实验中，就算发送者看了纸牌，皮尔斯似乎也没有获得帮助。实际上，当实验人员这样做了之后，皮尔斯的分数反而变糟了。纸牌似乎是直接从一堆纸牌中一次抽取一张，再次，令人绝望的是，我们不知道其牵涉的精确条件。皮尔斯还证明，自己能故意获得低分数——比随机概率预测的更多的猜错次数。莱因发现这件事很有意思，他经常要求受试对象同时给出"正确"和"错误"的答案，两者都偏离期望值。

毫无疑问，如果皮尔斯研究中既没有实验误差，也不存在作弊行为，那么这次研究将成功证明超精神能力的存在。他参加了总共超过 15 000 次测试。在可比较的 11 250 次测试中，他得到了平均 25 次猜中 8.9 次的成绩，而随机概率为 25 次猜中 5 次。测试的次数已非常大，使这种结果偶然发生的概率低到了荒谬的程度。

莱因使用了一种被称为概然误差偏差的方法衡量偶然事件的发生率。实际上，他用真实分数与平均分数的差除以一个与期望分布的标准宽度相关的值。在他的计算中，这个值是 8 的概率大约为 1/8000000（我用现代方法计算为 1/2900000）。这个值上涨得很快，所以，如果概然误差偏差为 9，莱因估计随机发生这种情况的概率为 1/100000000。

为了强调皮尔斯的分数有多不可思议，莱因计算，在总共 11 250 次测试中，他的标准误差偏差不是 8 或 9，而是 60——使得概率变成了

EXTRA SENSORY

天文数字，这显然超出了我的计算器的能力。实际上，莱因的统计过程的确有问题，他使用的方法适用于每次从一副25张牌的纸牌中随机抽取1张，之后又将其返回到洗过的牌中的情况。但实际情况是，抽出的牌会遭到丢弃，然后再从剩余的24张牌中抽取。依次类推，这大大提高了意外事件发生的概率。这并非否认莱因获得的这种分数在随机情况下是极不可能发生的，只是这些结果不可能是随机发生的结果。

毫无疑问，皮尔斯的很多次测试都是在极差的控制条件下进行的。我们重新回顾一下本章开头的那次测试。穿着夹克衫戴着领带、看上去有点不自在的皮尔斯坐在一张小木桌旁，正对着实验人员，通常是约瑟夫·莱因自己或他的助手约瑟夫·普拉特（Joseph Pratt）。皮尔斯被允许自己操作纸牌，正是皮尔斯本人将纸牌逐张抽取出进行猜测。如果检查发现牌面不符合皮尔斯的预测，皮尔斯还可以操控这些纸牌。

就其本身来说，这并不能证明皮尔斯作了弊。但在这种实验条件下，任何怀有恶意动机的人想操纵实验都具有可能。莱因还声称，"没有什么戏法能在他的实验室里就这么简单的任务反复欺骗警醒的观察者"。他请来了华莱士·李（Wallace Lee）（著名的"魔术师华莱士"）检验实验步骤。不过，严格来说，李不是舞台魔术师，他只是一位受欢迎的学校表演魔术师，做着售卖魔术装置的小生意。据莱因所言，李试图在同样的条件下复制皮尔斯的表现，但他的得分并未超过随机概率，他承认自己不清楚皮尔斯是如何做到的。

尽管这听起来令人印象深刻，且我们没有证据表明皮尔斯接受过任何魔术训练，但"魔术师华莱士"未能复制出这种能力并不能作为皮尔斯没作弊的证明。华莱士主要是一名学校喜剧演员，没有证据可表明他擅长近景魔术表演。如果詹姆斯·兰迪得到了这种操纵纸牌的自由却没能复制出皮尔斯的能力，我会感到非常惊讶。我不是魔术师，但我可以想出三到四种方法做到这点，最明显的方法是在观察者专心记录前一次猜测的结果时偷看一眼下一张纸牌。

皮尔斯不必非得看到每张纸牌。他只需要大约每4张看到1张就能舒服地将分数推高到他实际上做到的那种水平。在这种特别情况下，控制实验的那个人直到猜完之后才会看纸牌，但是在其他测试中，他是边看纸牌边用意念发送牌面内容。我前面介绍过，如果这个过程是在桌子对面完成的（莱因实验中通常采用的做法），并且发送者戴着眼镜，那么有意或无意从眼镜镜片上看到形状不难做到。如果一个骗子可以在测试之前接触到纸牌，那么在纸牌上留下标记并不困难——除非你知道这种标记在哪里，否则你很难看出来。华莱士·李也许未能在某个具体状况中复制出皮尔斯的表现，但他也许可以在足够多的实验中发挥自己的优势。

莱因的测试并非全都如此马虎，不过有相当数量的实验是这样的。一些测试采取了更多的措施分离受试对象和纸牌，要么用屏障挡住视线，要么将纸牌和受试对象安排在不同房间，以减少意外发现牌面图案的机会。但是，如果要严肃对待莱因的实验结果，这种不一致性本身就是值得忧虑的地方。我们不太清楚他为什么没能在控制条件上做到更好，这点混淆了任何想要理解他的数据的人的视线。

皮尔斯的小把戏是在纸牌发完之前能按顺序猜出一副纸牌中的牌面，这种技术用不到我们之前描述过的实验中可能存在的作弊手段。他似乎能以某种方式扫描整副纸牌，那么，他使用的肯定是遥视能力而不是心灵感应，因为这个时候，没人知道一副牌中纸牌的顺序。测试没有像他参加的其他测试那么成功，但皮尔斯仍然成功做到了平均 25 次猜中 7.9 次，而随机期望值是 5。

莱因特别提到了一点。在这种特定方式的测试中，皮尔斯在猜一副牌的顶上和底下的牌时表现得比中间的牌更好。猜中间的纸牌拉低了他通常 25 次猜中 10 次的分数水平。最显著的原因是，皮尔斯在猜顶上或底下的纸牌时有机会在没人观察的情况下快速偷看整副纸牌，但莱因并未想到这点。如果时间有限，最可能的情况是，他会瞥一眼第一张和最后一张纸牌，因为它们比中间的纸牌更容易被记住。

在 1933 年和 1934 年间进行的另一个系列的研究中，休伯特·皮尔

EXTRA SENSORY

斯被安排参加了远程测试，测试的过程设置了令人印象深刻的防作弊控制措施，而他继续取得了远超随机概率期望值的结果。这一组测试通常被称为皮尔斯—普拉特实验，被认为是有记载以来最强的控制条件下证明千里眼或遥视能力存在的证据。这是来自莱因实验室的金标准。

为了避免接收者有任何机会观察到纸牌，发送者约瑟夫·普拉特留在了位于物理学大楼顶层的普拉特办公室（心理学系在这里有一个小房间）。他和皮尔斯同步观看一部怀旧的早期战争电影；然后皮尔斯走到图书馆大楼，坐在书库的一个小隔间里。普拉特能从他的办公室窗户看到皮尔斯穿过四方院到达图书馆。现在，皮尔斯离他有 100 码远，位于另一边的图书馆大楼里，中间隔着开阔的绿地四方院子。

皮尔斯获得了一些出色的结果。普拉特每分钟从一副洗过的牌中抽一张新牌出来，将其面朝下放在指定的书的书皮上。显然，他这个时候并未看到纸牌的牌面，只是每分钟选张新牌。俩人的合作纯粹靠对准时机，接下来他们要猜完一套纸牌。每过去 60 秒钟，普拉特就会从书上挪走纸牌，用下面的纸牌代替。当第一副 25 张纸牌用完后，中间会有 5 分钟休息时间，此后再猜第二副纸牌。在这轮测试的最后，普拉特会回顾所有的纸牌，并记下各张牌面内容，然后俩人各自给莱因提供一份密封好的观察记录。

接着，他们的距离被增加到了 250 码，普拉特挪到了大学的医学大楼里，离图书馆又远了几个街区。显然，皮尔斯花了一点时间调整额外距离带来的影响，因为他最初阶段的得分很低（他们做之前的 100 码实验时也发生了这种情况），但随着时间的推移，他开始渐渐回到自己惯常的平均值，25 次猜测猜中次数略低于 10。莱因相信，这证明了皮尔斯的心灵能力不受距离的影响。不过，这种距离还不足以推导出确定性的结论。

总之，在两种距离下，普拉特和皮尔斯进行了总共 37 轮实验——猜测了 1 850 次，这个数量已足以提供可靠的证据，随机概率下产生 25 次猜中略低于 10 次的分数极不可能发生。数学上，发生这种概率大约为每 10 000 000 000 000 000 000 000 次尝试发生 1 次,这远比大乐透彩票还难。

这个测试听起来令人印象深刻,但根据曼彻斯特大学(Manchester University)的 C. E. M. 汉塞尔(C. E. M. Hansel)教授(他对 20 世纪 60 年代的一系列经典超精神能力实验作了详细分析)的说法,"这个测试真实的实施方式中存在一个大缺陷。像往常一样,魔鬼隐藏于细节——似乎,没人试着确保皮尔斯真实待在他应该在的地方。最基本的预防措施被忽视了——安排人在实验中监视皮尔斯"。

汉塞尔为了研究访问了杜克大学,他发现实验对象很容易在研究者不知情的情况下偷看办公室里的情况。实际上,为了展示这样做的容易性,他和萨伦(Salen)(汉塞尔说萨伦只是"杜克研究团队的一名成员")一起做了一次与皮尔斯长距离测试的条件近似的实验。通过从门的顶部缝隙中偷看,萨伦 25 次猜测能猜中 22 次。汉塞尔和普拉特讨论后,还发现普拉特当时甚至未锁上办公室的门,他也许在离开办公室后还将纸牌按照实验中的抽取顺序留在了办公桌上。

在原来的实验中,在普拉特回看纸牌以记录牌面时,并未采取措施保护普拉特免于被人看到,也没有措施确保他的办公室没人可以进来。尽管这种可能的接触或者对皮尔斯监视的缺乏并不一定意味着存在真实的作弊行为,但汉塞尔揭露的这个重要事实提示实验中确实存在可能的作弊机会。在这种实验中,这足以让结果一文不值。

本来非常有价值的实验因为缺乏简单的预防措施而被毁掉。事实上,监视皮尔斯并检查纸牌使其从房间外面无法看到其实并不困难。让普拉特换坐到桌子另一边面朝房门也能起到很大帮助,如此,希望从走廊看到纸牌内容将变得非常困难。不过,莱因和普拉特似乎并未想到任何措施。

皮尔斯似乎不可能在这么多轮测试中成功作弊,毕竟总共有 74 组纸牌(每组 25 张)。但实际上,他并不需要每次都作弊。对每轮测试的结果进行独立检查,发现总共有 20 轮测试,他的得分都在 4/25 到 6/25

EXTRA SENSORY

之间——这很可能是皮尔斯仅靠猜测获得的分数。皮尔斯不需要每次都成功作弊。正如汉塞尔在分析这个实验时指出的，因为实验严格按照预定时间进行，所以皮尔斯精确地知道普拉特何时在做何事；如果他想看到普拉特记下的牌面，也知道何时去偷窥普拉特的办公室。

我在第10章会更详细地介绍，有可靠的证据证明，只要得到机会，一些实验对象就会作弊。所以，实验中剥夺一切通过常规感官收集信息的机会非常关键。普拉特和莱因历年来用他们的实验发表了很多论文。论文提及的同一实验却经常出现不同数据，衍生了较多不同版本。虽然，这并不能绝对指向莱因和普拉特造假，但至少指出了他们对结果的粗心大意。如果我们认真研究这些实验，会发现结果难以服众。

我们不知道莱因所有的远距离测试是如何实施的，不过他声称自己尝试过不同的距离，他曾将接收者从距离自己12英尺的地方移动到25英尺远处，接收者与发送者中间隔着墙。如此目的是为了消除一个特别的担心——"无意识低语"。这是当时流行的一个无根据理论，该理论认为，人们会默读心里想要表达的话，这种默读也许会无意识地发出声被人听到。在某些实验中，实验人员会让发送者使用电报发报键提醒接收者即将发送图片。莱因认为这些测试显示，超精神能力的某些方面会随着距离增加而增强，与波动力学给我们的传统印象相反，但他记录的结果并不足以做出这个论断。

莱因还让皮尔斯做了一些"纯心灵感应"测试。测试中，发送者从五种形状中随机选择一个形状，并将其投射出去。在这些测试中，皮尔斯开始时的得分大概为随机水平，但随着时间推移，他的分数小幅升至每25次猜中7.1次。虽然这比不上他在齐讷纸牌上获得的成功，但仍然显著高于随机期望值5。

听起来，这似乎令人印象深刻，因为皮尔斯不需要看任何东西，所以他无法偷看。但实验记录存在严重残缺，在没有更多关于控制条件的细节的情况下，要确定该测试是否设置了防作弊或防意外结果错误的措施是困难的。我可以想到，这里存在很多危险点。我可以保证，詹姆斯·兰迪那样的人一定能想到更多的危险点。

首先，可能存在"随机"选择偏倚。发送者无法使用齐讷图片的随机表或者 1 到 5 之间的随机数（因为如果他看了这个随机表，就意味着也许会给遥视创造机会，莱因希望去除这种可能性）。发送者必须"随机"用脑子挑出符号。不幸的是，我们之前介绍过，人类的大脑毫无希望生成随机数或随机图片流。我们无法构想出随机性，也不会在一个序列中足够频繁地重复同一个值。如果接收者默认下一张图片会与前一张不同，那么，他纯靠猜测可以猜对的概率将立即从 1/5 提升至 1/4。

莱因指出，发送者可以自由决定是重复还是用一切可想象的方法，但这种自由毫无价值，因为人类并不擅长运用这种自由。事实是，人们很少能两次想到同一个选项，更为罕见的是让他们连续两次以上想到同一选项。如果某人试图想象一串随机的硬币正反面，他想出我的小实验中产生的"正反正正正反正正反反"序列的概率无限小。如果发送者在一次典型的心灵感应测试中，发送了全部的五种齐讷符号。同时，接收者还能即时拿到自己猜测结果的正误，只需使用简单的"坚持自己的猜测直至猜对为止，然后再改变"的策略，你的猜中率会变得越来越高。

在实验中，如果发送者未使用任何辅助手段来构想他的"随机"选项，那么，最接近随机性的方法是让发送者想出一系列的随机词语。当然，这些词语肯定不会是真正的随机词语，纯随机情况下猜中一两个词语的概率非常小，以至于这种表现具有较强的说服力。

对这一纯心灵感应实验，我们还不完全清楚接收者是如何记录自己接收到的牌面的。要准确记住一轮测试中的 25 张牌的牌面非常困难。发送者是如何记录的？如果需要写下来，遥视会成为一种可能（或者找到偷窥的办法）。

就此而言，我们不知道皮尔斯是如何记录他的猜测的。他是猜测的同时写下来的吗？或是大声说出让其他人记录？如果有可能搞清楚发送的内容，有可能在猜测之后修改这些记录使其更接近真实序列吗？实验对象或实验人员会修改结果使其更符合他们的期望吗？我们不得而知。

EXTRA SENSORY

最后，我们总会问，是否存在数据挑选的情况。我们已经见识过，一旦你有机会决定哪些实验可以算数哪些可以忽略，就存在操纵实验结果的可能性。实验对象可以在一轮糟糕的测试后说，"这次测试可以不算吗？有人进房间打扰到了我"。或者，实验人员可以因某个理由说明这轮测试异常，故而选择废弃。

我确信这些问题不是全部，而只是一个开始。前面的实验，如果皮尔斯没留在图书馆，皮尔斯实验就可能存在欺骗。除此之外，莱因大体上发现，心灵感应在远距离时表现很好，但遥视则不然。他将此归因于不同的信息传递机制，所以，遥视能力在短距离内更有效。但实际情况更可能是，遥视能力的成功在于发送者能看到纸牌，而心灵感应的成功更多源自失败的实验设计，这种设计要求发送者以随机顺序想到一个形状，听到结果，在记录之前以每组 5 张纸牌的内容记住实验结果。

让事情更复杂的是，莱因还在实验程序中引入了很多变量，目的是看这些变量是否能产生影响。他会不时地打开一个电扇，以掩盖当时被人们认为会坏事的无意识低语，他还催眠了一些受试对象，想看看这是否能影响他们的能力（没有影响）。他还试着让受试对象服用异戊巴比妥钠，使其昏昏欲睡（通常会降低分数），或用咖啡因使其更警觉（通常会显著小幅提高成绩）。

在这些尝试中，有一种做法非常业余。它让人想起 1962 年 8 月的那次实验，当时两位来自俄克拉荷马医学院（Oklahoma School of Medicine）的医生路易斯·乔利恩·韦斯特（Louis Jolyon West）和切斯特·皮尔斯（Chester M. Pierce）决定在一头大象身上试验麦角二乙酰胺（LSD）。他们从俄克拉荷马城动物园弄来了一头名为图斯克（Tusko）的大象，但不知大象可服用的剂量，于是随意给大象服用了大量的这种精神药物，用量大约达到了一般人类剂量的 3 000 倍。他们希望能观察这是否能诱导出精神病行为，这是 LSD 使用者可能存在的问题——但真实的结果是，图斯克崩溃了，它的舌头变成了蓝色，2 小时后死亡。

莱因并未让他的实验对象处于图斯克那样的巨大危险，不过，在当时，被认为是"吐真剂"以及镇静剂的异戊巴比妥钠如使用不当或与酒精同时使用，并非没有危险。他用这些额外因素进行实验的方式和那次"大象服药"实验具有相同的异想天开的性质。

此后，莱因又做了数千次实验，通常都取得了令人印象深刻的结果，但他的头上总笼罩着可疑实验设计的阴霾。他的报道频繁出现值得忧虑的漏洞。一个绝佳的例子是关于乔治·泽克尔（George Zirkle）先生的研究，莱因本人非常推崇这个研究。

莱因告诉我们，泽克尔是他系里的研究生助理。泽克尔与他的未婚妻萨拉·欧贝小姐（也是该系的研究生）一起参加的心灵感应传输实验，获得了非常好的结果。值得注意的是成绩水平，在超过 3 400 次实验中，他获得了平均每猜测 25 次猜中 11 次的分数，且部分轮次的测试更出色。"泽克尔的得分，"莱因说，"有时是现象级的。好几轮猜测中，25 次猜中了 22 次。有一个 50 次猜测的系列，他连续猜中了 26 次。"这些实验另一处让人印象深刻的是泽克尔在遥视测试中表现得毫无希望（遥视测试没有发送者）。

对这些结果一种可能的解读是：如第 3 章观察到的现象，有两个彼此间存在亲密关系的实验对象，传闻中这种关系通常与心灵感应有关。非常奇怪的是，研究者通常未过多考虑两个存在较强联系（不管是生理上还是私人关系的联系）的个体也许能获得更好成绩的可能性。要解读两个彼此互相了解的人获得的成绩，不免存在阴暗的一面。

如果受试的两人想作弊，如果两人彼此熟悉，似乎更容易做到，从他们订婚的关系里我们可以推论这点（莱因告诉我们，萨拉·欧贝最终嫁给了泽克尔）。即便欧贝未直接参与作弊，泽克尔也有较大可能在与未婚妻共同合作时有更好的机会偷看到纸牌。莱因认为，泽克尔在心灵感应测试中表现极佳而千里眼测试中却很糟糕很难解释。显而易见的原因可能是——在遥视测试中更难作弊，因为遥视测试中无人能提前知道牌面是什么，而心灵感应测试则相对容易。

值得一提的是普拉特所做的另外一个系列的测试，因为其经常与普

EXTRA SENSORY

拉特—皮尔斯实验一起被指为确定千里眼能力的近乎完美的典范实验。这个普拉特－伍德拉夫（Pratt – Woodruff）系列实验施行于1938年至1939年，实验付出了更多的努力对实验对象进行控制。虽然受试者和操控纸牌者同坐一桌，但两者间设置了屏障以避免猜纸牌的人能看到（面朝下的）纸牌。为了避免产生实验人员偏倚，实验人员无法看到受试对象选择了什么结果。受试对象在做出选择后，会指向五张空白纸牌中的一张，这五张空白纸牌放在一套五张识别纸牌的下方，这在某种程度上隔绝了作弊的可能性。

这个系列实验的60 000次测试获得了阳性结果。虽然结果只稍微超过了随机期望值（平均25次猜测猜中5.2次，期望值为5次，大约每100轮测试至多猜对1次），但因为测试次数太多，它确实具有数学上的意义，测试的设置控制也较良好。不过，实验还是存在一个大问题。

假如猜牌的人和实验人员（或操牌手）被安排在不同的房间，测试中两人不能交流且实验结果为分开整理，的确不会有作弊的机会（无论有意还是无意）。但如将两人安排在桌子的两边，操牌手就有可能知道另一人猜的是什么，这个实验的盲法设置将受到干扰，这意味着操牌者可能会对结果产生偏倚。

要避免这点，应做到在每一轮测试后，在操牌者看完当前纸牌序列并记录结果后，让猜牌者重新随机打乱空白纸牌对应的那些识别纸牌。重新打乱的过程需要在屏障后完成。但这里存在两个问题。一是识别纸牌的顺序在每一轮经常不变；另一个问题是即使顺序被改变，似乎也未对识别纸牌洗牌，且重新打乱的方式也使第一张和最后一张纸牌的猜出变得容易。当后来分析实验结果时，第一张和最后一张纸牌的猜中率与其他纸牌相比，随机发生的可能性低得多，提示这些纸牌泄露了某些信息。

再次，本来可作为突破性证据的实验结果被实验设计的缺陷拖累。

没有证据表明莱因自己参与了任何欺骗，但他的一位助理不能摆脱嫌疑。1974年，莱因研究所的前主任沃尔特·J. 利维（Walter J. Levy）

博士因饱受质疑而被迫离开了研究所。

利维曾参与过一个系列实验的研究,坦白地说,这个系列实验第一眼看去就很荒唐。有这么多可能的人类超心理学研究,利维却选择了"观察鸡蛋的超精神能力"。为人类大脑产生的能力如心灵感应寻找理由是可能的,但鸡蛋里可没什么大脑。显然,这不是具有完整功能神经系统的鸡,鸡蛋受过精但仍处于孵育期。实际上,这个状态对他们的假设很关键。

孵育器中的鸡蛋获得的热量来自一个保温灯。在利维的实验中,保温灯的开关取决于一个随机计时开关。原则上,它会关闭大约一半的时间,但实际上发现它打开的频率高于关闭,提示(据利维所言)鸡蛋在影响实验,使条件更适合于它们的发育。当用煮熟的鸡蛋做同样的实验时,未发现这种影响。

利维继续用动物(至少有大脑)做了相似的实验。当然,如果是今天,这种实验的伦理学问题一定会引发人们的忧虑。他用电线将大鼠连接到一个装置上,此装置会随机地在它们的大脑中放电,使其产生愉悦的反应。再次,阳性结果的发生频率高于随机概率,似乎大鼠能影响放电装置使其产生更多的满足感。不过,这种效应只发生在了55%的实验中。

不用人类实验对象的好处是去除了欺骗的可能性。当然,如果有机会,大鼠也完全有能力作弊,但在这种实验环境下,它们完全没有机会做要求以外的事情。人们尚在争论超精神能力的存在问题,人类大脑(至少一些大脑)也许有需求使其可行,但动物实验的确能避开实验对象作弊的嫌疑。

利维的同事也许对神经系统尚未发育出来的鸡蛋具有超精神能力一事颇为惊讶,所以悄悄监视了利维的实验。他们发现,这位科学家会不时地拔掉记录器的插头,以免记录下阴性结果。在证据面前,利维承认自己受到了获得阳性结果的压力伪造了结果,以确保自己能成功。

这种实验人员制造的欺骗是不是也发生在莱因实验室的其他人身

上？像休伯特·皮尔斯这样获得了顶尖分数的人是不是也存在作弊行为？要确定是否存在这些情况是困难的，但莱因使用的实验控制条件确实存在太多问题。表面来看，如果设置了合适的控制条件，这些实验结果是惊人的。在最初的3年，莱因实验室的团队一共做了惊人的91 174次实验。在如此大数量的测试次数下，即使是偏离随机期望值很小的幅度也会令结果显得显著。

我们前面介绍过，莱因选择的估量事件偶然发生概率的方法被称为概然误差偏差。如果这种方法得到的值是8，他估计在既没有超精神能力"操纵"也不存在欺骗的情况下其发生的概率大约是百万分之一；如果该概然误差偏差值为9，莱因估算其随机发生的概率为一亿分之一。经过91 174次实验后，他计算出观察结果随机发生的概然误差偏差为111.2。数学上，如果要让这种概率的事件随机发生，你需要等待比宇宙寿命更长的时间。这就像一件理论上可能，但现实中却极不可能的事情的发生概率——小汽车所有的原子同时从车库里横跳而出，让小汽车停在了车道上。

莱因本人有作弊吗？尽管这是可能的，但似乎仍存疑问。他本人用这段令人窒息的研究时期作为辩词鄙弃了这种说法，他说，"少有学者会故意制造这样牵涉如此长时间的辛苦工作的骗局"。不幸的是，他是错的，学者们经常这么干。自莱因写了这句话之后，出现了几个著名的恰好符合这种"骗局"的例子——当然，莱因并不知道利维的研究，这个研究是很久之后才做的。但是，所有的证据都表明，莱因本人是真诚地进行严肃的研究。正如他指出的，这些工作是团队合作完成的，如果有人试图伪造结果，可能会被他的同伴逮个正着。

更有可能的是，一些因素合力造就了莱因的出色结果。很可能，一些结果纯粹是随机发生的。一些牵涉到实验对象（休伯特·皮尔斯、萨拉·欧贝和乔治·泽克尔这些典型例子）的实验中，实验对象可能在某些时间存在作弊。同时，莱因的一些助理也许有冲动，希望修改结果以从他们的辛苦劳动中得到一些阳性结果（或许是为了确保自己的学士或博士学位）。还有个因素需要考虑，他们有时会使用宽松的统计方法以及明显的挑选结果倾向，这在莱因的研究记录中偶尔会以隐秘的方式透露出来。所以，不幸的是，我们对莱因研究的总体影响确实应报以怀疑的眼光。

孤立地看，除了这些值得担忧之处，人们很容易被莱因实验的总量动摇。如此多的实验真能证明什么吗？只要你喜欢，你可以继续做有缺陷的实验，但你只能继续得出有缺陷的结果。在科学研究中，真正的证据不是某个实验室获得了大量的结果，而是其他大量的人成功复制出了这些结果。令人心烦的是，也许，莱因确实见证了真实的心灵感应，只是我们不能从他发表的结果对其确认。

当莱因出版了关于这些实验的书后，他的研究引起了大量的公众注意，很多大学开始复制他的实验且设置了更严格的控制条件。不是随意的实验，或者粗制滥造地复制，而是与莱因的实验规模相当的长时期的实验。普林斯顿大学做了 25 064 次实验；科尔盖特大学（Colgate University）做了 30 000 次；南卫理公会大学（Southern Methodist University）做了 75 600 次；布朗大学（Brown University）做了 41 250 次。或许，最令人印象深刻的是约翰·霍普金斯大学（Johns Hopkins），他们做了 127 500 次实验。这些实验联合起来，为莱因的研究提供了严肃的参考标准。然而，没有实验产生了同样显著的结果。

莱因的系列实验很有趣。他付出了宝贵的努力。这些实验成为了标志，80 多年后，仍被认为是 ESP 研究的高点。不过，相对业余的实验实施方式却注定了莱因的研究无法像他本人希望的那样给我们提供心灵感应和遥视存在的确定证据。后来的那些重复实验的本意是支持他而不是否认，但均未复制出他的结果。

然而，莱因的研究的确收获了一个重要结果。当美国军方逐渐怀疑苏联人忙于雇佣 ESP 特工侦察和干扰西方时，他们严肃地对待了这种威胁。有了杜克大学莱因研究的所有结果，政府无法忽视超精神能力战争的可能性。

8　进入军队

想象这样一个场景，一个军方办公室——很大的一个办公室（不是中士的狭小房间，而是一名将军的办公室）。办公室的主人倚墙而立，对面或许是 20 英尺外的墙壁。他正默默地用心准备着，观看并思考他面前的墙和组成墙的原子。他知道墙的大部分组成是真空，不仅是原子之间的间隙，每一个物质粒子的绝大部分都是真空，几乎所有的质量都集中在原子核上。与整个原子的体积相比，原子核就像教堂中的一只苍蝇。

这个男人试图清理自己的思绪，想象自己身体的原子穿过组成墙的原子的情况。接着，他开始动了起来。开始是踱步，一两步后变成了奔跑，笔直朝对面的墙冲了过去。他完全相信自己能径直穿越这堵屏障，至少他认为自己有这个能力。他的鼻子撞到了墙，刺痛不已，他被墙猛地挡了回来。再一次，墙不会让他穿过。

这不是某个服了精神药品的学生的嗑药反应。他是阿尔伯特·斯塔布尔宾（Albert Stubblebine）少将，当时主管着整个军事情报部队（Military Intelligence Corps）。斯塔布尔宾相信人类的精神有能力做很多科学家认为做不到的事情——他相信自己的精神能影响物质。受到一份国防情报局关于苏联在超精神能力作战领域活动的报告的启发，斯塔布尔宾不想让美国落后。

不可避免，在 20 世纪，对超精神能力现象产生兴趣的人不只有学者。当富有远见的修士罗杰·培根在 13 世纪就提出用遥视能力观察要塞具有很大价值时，他心里已想到了军事应用。他知道，拥有遥视敌人活动的能力是一次成功战役的关键。相似地，当伽利略首先向威尼斯的总督议会展示他的望远镜时，毫无疑问，是望远镜在城市防务中的作用抓住了那些达官显贵们的想象力，而不是该装置观星的潜力。遥视是军事侦察的天然工具，在20世纪70年代，它和其他的超精神能力一起接受了美国军方的彻底审查。

当时，媒体对盖勒现象（见第10章）的报道使超精神能力成为广为流传的话题，但这里也有冷战竞争的因素。美国仍然为苏联在太空竞赛中获得的早期领先感到忧心。先进的美国技术最终还是战胜了对手，美国人率先抵达了月球。但在此之前，苏联人造卫星的身影令人尴尬地宣示着苏联在太空中的领先地位，接着俄罗斯人第一个将人类送入了轨道。显然，当局不会让苏联人统治所有有潜力提高军事优势的领域。

20世纪70年代早期，在乌里·盖勒飞黄腾达之前，国防情报局炮制了一份题为《控制攻击性行为（苏维埃社会主义共和国联盟）》(*Controlled Offensive Behavior*)的报告。这份报告听上去像是关于准备入侵西方的导弹和部队的研究，实际上，它试图整合的是其收集的所有关于苏联将超精神能力用于军事目的的尝试的信息。这份极为有趣的文件现已被解密。

报告主要关心的是苏联对改变人类行为的研究，所以你可以设想会发现关于洗脑技术、药物、隔离或其他能影响人类行为的技术的研究，这些全都呈现在173页的打印文档里。但与超精神能力研究特别相关的是这篇报告的内容超出了物理范围，涉及了精神物理学的使用。在报告的总结部分，报告的作者约翰·D. 拉莫思（John D. LaMothe）上尉评论道：

> 苏联深知超心理学研究的优势和应用……很多美国和苏联的科学家感到人类可以利用超心理学，创造条件使人可以改变或操控其他人的思维。人们想利用可能的心灵感应通信、心灵致动和仿生超能力，主要推动力据说来自军方。今天，据报道，一些国家可能拥

EXTRA SENSORY

有 20 个或更多的超心理学现象的研究中心，每年的预算估计达到了 2 100 万美元。

拉莫思上尉认为，苏联从 20 世纪 20 年代起就开始研究这种秘密的心灵科技，由于他们先发优势以及更好的财政支持，与美国启动的任何项目相比，苏联拥有的相关知识远超美国。这份报告强烈暗示超精神能力是事实上存在的能力，已被用作苏联日常的情报收集工作。"苏联,"拉莫思上尉说，"深知超心理学研究的优势和应用。"此处，无任何迹象表明他们对任何超精神能力的存在抱有疑问。

讽刺的是，似乎苏联对超自然现象的调查是被一则有关美国心灵感应活动的虚假叙述所驱动。1960 年，法国记者发表了一则流言，声称美国潜水艇"鹦鹉螺号"（Nautilus）上的人员利用心灵感应与岸上基地联系。"心灵感应是新的秘密武器吗？"这篇法国文章问道。"美国军队是不是已经知道了心灵力量的秘密？"虽然这些故事并没有真正的事实基础，但已足够触发苏联科学家的反应。这次，美国人在将心灵感应用于军事目的上取得的明显成功，加上传闻中苏联进行的早期心灵感应实验（实际上，这些实验的控制条件远逊于约瑟夫·莱因的实验），足以让事情开动了。

据这份报告所言，一位苏联研究者 L. L. 瓦西列夫（L. L. Vasilev），宣称他在超短波 UHF 无线电发射器的帮助下，在列宁格勒（Leningrad）和塞瓦斯托波尔（Sevastopol）之间进行了成功的远距离心灵感应实验，两地距离为 1 200 英里。不清楚拉莫思的真实想法，使用了无线电波又怎能是心灵感应？（或许，无线电波只是被用来作为该实验的设置条件）苏联似乎还在考虑将心灵感应作为与他们的太空舱进行通信的合适的后备方案。

接着，报告继续讨论了本书尚未提及的一种超精神能力，该能力似乎远超出了可能性的界限，更倾向于是舞台表演家的吹嘘，而不是学术性的超心理学范畴。它是"物体显形"（apport）能力：将物体从一处地方移动至另一处地方，无须穿过中间的空间——实际上，就是心灵版本的《星际迷航》传送器。虽然乌里·盖勒宣称自己拥有这种能力，但他从未在甚至是薄弱的实验室控制条件下展示它，甚至连拉莫思上尉也对此不太在意。

"接下来，对于物体显形和灵魂出窍能力的讨论，"他评论道，"不是为了支持其科学确证，或者是支持其真的存在。但是，苏联和美国的著名科学家都对这种现象非常感兴趣。"报告接着继续陈列了很多这种现象的传闻例证，但并未批评或评论这种更像是幻想的能力是否牵涉到了欺骗或者只是讲故事。一份军方科学报告居然基于这种未经质疑的材料，确实令人忧心。即便报告的开头写了免责声明，也没什么用，拉莫思详细描述了这些事情本身给了他们足够的可信度，也足以支持对其进行研究资助。

值得一提的是，报告中提到的主要权威是科学家威廉·克鲁克斯，他经常出席降神会。克鲁克斯描述的是19世纪末20世纪初的骗子灵媒的典型骗术，这些骗术在这篇报告撰写的时候已被一次又一次地揭露。再次，拉莫思又表现出了不自在，他写道，"如果这些非常可疑的材料是真的……"。不过，他的态度认为潜意识的心灵是非常强大的（原因不清楚），而超心理学现象是由潜意识心灵引起，所以这种奇特的事件也许真实存在，值得研究。

拉莫思继续描述了一位名叫尼娜·库拉金娜（Nina Kulagina）的苏联女性的实验工作，"据报道，她可以单纯依靠意念移动物体"。库拉金娜女士据说能用意念移动物体，并能将蛋黄从一个放在6英尺外的封闭鱼缸的鸡蛋里分离出来。不过，她的主要事迹似乎是能成功地让放在溶液里的青蛙的心脏停止跳动，并重新激活它。正如拉莫思干巴巴的评论，"这或许是最有意义的心灵致动测试，如果这种能力是真的，它在军事意义上极为重要"。

报告中提到的任何一个事例是否曾采用过防欺骗措施仍然存在巨大疑问。我们从莱因实验的经验中得知，即使是在美国大学里，实验控制也不绝对严谨。我们永远无法确知苏联实验室里真实发生的事情，所以不能将其视为可靠证据。在同一时期的另一份关于华沙条约组织（Warsaw Pact）国家的超心理学研究的美国国防情报总署（DIA）的报告中，编写者评论，"这些数据大部分都很难进行充分评估。通常，关于实验步骤的信息不明确，或者报道的实验数量非常小"。

大部分证据都表明，这些激发了美国军方对超心理学产生兴趣的苏联研究和那些引发了19世纪科学家好奇心的通灵现象是同一个水平——控制糟糕、数据有限、可信度低。拉莫思就西方科学家对心灵致动明星库拉金娜女士的观察做了两点奇怪的断言，这些西方科学家中包括莱因实验室的约瑟夫·普拉特。他说："西方科学家对库拉金娜女士特异功能的观察已经得到了报道，并确认了她的特异功能是真实的。截至1971年2月，同一批西方科学家还报道他们没能拜访或观察库拉金娜女士。"

初看，这句话是矛盾的——科学家没有拜访或观察到库拉金娜却确认了她的能力。不过，很可能这句话的意思是，他们得到了某种接触机会，但机会又遭到了撤回。拉莫思想知道为什么库拉金娜女士周围笼罩着这样的神秘色彩。似乎可能的情况是：连一位比较容易上当的观察者也能发现库拉金娜是怎么获得她的结果的，这一过程可能未涉及心灵致动。

讽刺的是，美国军方得到了要应对苏联研究的提醒，可苏联研究本身却是被美国军方的心灵感应虚假传言所激发。无论真实与否，美国的中央情报局和其他部门皆无法忍受自己被抛在苏联人的身后。1972年，曾为乌里·盖勒提供巨大信誉保障的斯坦福研究所实验室迎来了一位中央情报局特工。在意识到苏联貌似取得了成功后，中央情报局感到美国也应拥有自己的超精神能力研究，并提供了巨大的资金，启动资金为50 000美元。该研究获得的主要成果似乎是前文描述的那次遥视实验。

这些实验以及斯塔布尔宾少将的想法（包括通灵愈合能力和以意念停止敌人心跳的能力）并非军方进行的唯一研究。实际上，20世纪

70—80年代，或许是再次被DIA报告所激励，军方进行了几次将貌似可能的超精神能力用于军事的尝试。不幸的是，在寻找超心理学武器时，他们的选择太少。典型的途径可能是考虑已有的每一种可能的新纪元理论，每一种都试试。你不得不钦佩牵涉到的多个军队部门的毅力，但其中一些概念远超出了江湖骗术和伪科学的范围。

乌里·盖勒总是宣称自己在20世纪70年代曾被美国政府雇为通灵间谍。他的自吹自擂大部分都被媒体驳斥。当时环境下的一些故事后来被改编成了电影《以眼杀人》（The Men Who Stare at Goats）。一位武术教练被招募进入军队编写神秘的徒手搏击训练指南，目的是为了制造一群超级战士。

乔恩·龙森（Jon Ronson）为了写这部电影的改编小说采访过名叫盖伊·萨韦利（Guy Savelli）的教练。萨韦利声称自己曾用意念瘫痪并杀死了一只山羊——但这只是传闻。传闻这种方式让萨韦利看起来不太像一位可靠的证人。这似乎正是军方的所有尝试中的问题（他们赞助的大学研究除外）——他们的成果都是活灵活现的传闻，并无任何具体证据。

关于这些奇特、未经证实的故事，一个很好的例子是关于军队遥视实验的报告，这个实验有时被称为"星门计划"（Project Stargate）。有少数几个人（包括因戈·斯旺）被聘请进行了多年的遥视监控工作。一些人从事的是单调但令人惊奇的工作，比如试图监控巴拿马独裁者及中情局对头曼努埃尔·诺列加（Manuel Noriega）将军的行踪，或者出于军事目的尝试直接报告美国感兴趣地区的动态。

似乎没有什么能保证这些遥视活动所描述的内容不是幻想。有一个人的工作被公开之后，这点变得特别明显，他的名字是埃德·达姆（Ed Dames）。达姆在20世纪90年代离开军队后曾短暂地出过名（恶名）。他出现在媒体上，述说自己在遥视时预见到的一些致命威胁，比如，"即将横扫美国的速度为每小时300英里的飓风"、"装有一种植物病原体的罐子，他相信外星人将其放在了正在接近地球的海尔－菲普彗星上"。

当我刚开始研究本章涉及的内容时，我曾期望这些内容成为本书最重要的部分。确实，超精神能力令人惊讶的军事应用潜力可能会让这些研究的实施过程严格而权威。然而，军方的超心理学研究整体太业余。军队利用超精神能力的尝试似乎缺乏任何科学精确性和客观性，还欠缺精确的实验控制条件。就是典型的"什么都试试，给它一次机会，要么它会按照我们感觉的那样起作用，要么不会"的例子。所有已发表的证据几乎都是传闻。阴谋论者可以大显身手了，他可以说这些证据如此糟糕、传闻如此离谱的原因是这是一次大规模掩盖真相的结果。但实际上，每一次失败都是因为能力的缺乏，军队的研究缺乏严谨。

这与我们将在下一章介绍的研究相反，一所著名大学试图通过该项研究将 ESP 带至科学的极限。你可以设想一下这个研究的结果，毕竟，普林斯顿大学的这个 PEAR 计划可不缺少客观性和科学控制。

9　PEAR 项目

一位年轻女士坐在一张舒适的沙发上,她是新泽西普林斯顿大学的一名学生。从那张舒适沙发的式样、她面前过于附庸风雅的异形咖啡桌以及松木镶板墙壁上让人提不起精神的版画判断,她也许是在学生休息室里。然而,另外一些东西提示,这也许是她的卧室。她右手边的小书架上放着一堆书,沿着座椅的顶部摆着一大堆公仔,角落上杂乱地堆着玩偶。让人对这幅情景心生迷惑的是,她的面前放着一个装置,完全不像你可能会在学校宿舍能找到的东西,更像是宾果游戏里叫号人的噩梦。

一架前面装着玻璃、像堵墙似的机器从地板延伸到天花板。机器顶部放着一排接一排的乒乓球。机器的下半部分,通过塑料板的巧妙排列,使乒乓球能从不同路径滚下,聚集到机器底部的箱子里。一次又一次,一个乒乓球掉下来,从一块塑料板弹到另一块塑料板,最后停止运动。随着时间推移,掉下的乒乓球的位置形成了一种分布,就是钟形曲线的现实展示,大多数乒乓球分布在机器的中央位置。那位女士拼命集中精神,她能改变这种随机结果吗?她能用心灵致动能力迫使左边分布的乒乓球比统计学预测的更多吗?这是心灵对机器的战争。

如果说莱因在 20 世纪 30 年代的研究标志着民间通灵研究转向实验室的超精神能力研究,那么,另一个探索超精神能力现象的杰出学术研究代表则是普林斯顿大学的普林斯顿工程学异常研究实验(Princeton Engineering Anomalies Research Laboratory,PEAR)。就像早期研究时间旅行的物理学家倾向于用"闭合类时间环"这样的概念来减少学术界对

EXTRA SENSORY

他们的批评一样，PEAR 这个名字也是故意将其真正兴趣隐藏在平淡的主题词"工程学异常"后面。

大多数 PEAR 实验都像本章开头描写的那个场景，不过，多数实验使用的是电子设备，而不是像"随机数机械级联装置"（random mechanical cascade）一样结构粗糙的装置（这是对那台乒乓球机器的正式称呼）。实验目的是试图通过心灵超能力影响这些设备，使其朝实验开始之前预设的方向偏离其期望的随机行为。（显然，在实验之后再说出你的实验目的是不科学的，因为这样很容易修改你的目的使其匹配实验的真实结果。）

PEAR 团队的创始人是工程与应用科学学院的主任罗伯特·扬（Robert Jahn）。他在 1979 年创立了这个由心理学家和物理学家组成的团队，从那时起，PEAR 团队进行了数以千计的实验，涉及了数百万计的测试。他们建立了一个实验结果的数据库，可以让人用任何统计学方法对其进行分析。这与甘兹菲尔德实验不同，你无法指责它的样本数小。在 PEAR，数据的数量是关键。

实验结果似乎非常显著地确认了一种特别的心灵致动能力。这里，我们要小心一些，因为这种高显著性是很多非常小的偏离随机期望值的幅度带来的结果。我们前面介绍过，实验结果的数量太大时会使即使微小的数值也变得显著。尽管偏离随机概率的幅度很小，且某些被研究的效应的性质也引起了一些担忧，但毫无疑问 PEAR 的确获得了一些值得进一步研究的结果，这些结果不是没有根据的传言的集合。

PEAR 还设计了一些遥视实验，和帕特霍夫和塔尔格在 SRI 使用过的那些实验相似，但实验的控制条件更好。这一部分工作的规模不大（不幸的是，这种测试的耗时更长），但 PEAR 仍然累积了大约 650 个实验结果，再次提示实施这些测试的人，某些结果远超随机期望值（PEAR 得出他们的遥视实验结果随机发生的概率是一百亿分之三。）不过，这种遥视测试的困难在于其实施方式太主观，很难认为这些数值具有真实的置信度。

人们必须牢记在心的一件事是 PEAR 实验实施时所处的文化和社会背景。当时的后现代主义思潮似乎认为一切皆有可能，所以传统的科学思维被学术界很多人质疑。作为 PEAR 背后的两位主要人物，罗伯特·扬和布伦达·邓恩（Brenda Dunne）在他们那篇总结 20 多年研究的论文中评论道，"主流的科学之绳被紧密地编织入了很多哲学、经济、政治、文化、个人和人际的纤维，它既限制也丰富了研究的进程"。

这句评论本身的意思不是说科学被置于文化和政治目的后的第二位，但考虑到那些和编织绳有关的评论，我们必须将这个项目视为与臭名昭著的索卡（Sokal）骗局发生在同样的氛围之下。1995 年，物理学家艾伦·索卡（Alan Sokal）在一本享有声誉的杂志《社会文本》（Social Text）上发表了一篇论文。在这篇题为《越界：迈向量子引力解释学的变革》（Transgressing the Boundaries: Towards a Transformative Hermeneutics of Quantum Gravity）的论文中，索卡故意用一些听起来令人印象深刻的词语拼凑了无意义的内容。他的论文完全是恶作剧。

索卡的目的是揭露当时喜欢从物理学中借用概念的人文和社会科学的作者。他们无非是用这些概念作为无意义词语和唬人术语的烟雾弹，目的是扰乱科学，并假装他们以某种方式展示了客观的自然真理并不存在，只存在基于这些科学家的（世俗而有限的）世界观和错误文化的主观解读。

索卡恶作剧的天才之处在于他证明这种经过计算的垃圾会被这些学者接受，因为他们完全不知道自己所谈论的东西背后代表的真实。正如索卡后来指出的，这件事的意义不仅是揭露了少数胡说八道的象牙塔教授，它还是当科学被虚假的文化观点攻击时对科学的捍卫（不管这些观点是民族主义、性别主义还是宗教主义）。

我提出索卡的论文并非为暗示 PEAR 的研究也是没有现实基础的虚构作品，但我们在考虑 PEAR 研究被分析和解读的背景时必须将这篇论文以及这篇论文背后的背景铭记。我引用 PEAR 论文的一些内容，也反映了索卡的思想。

EXTRA SENSORY

　　PEAR 是在一个独立本科生项目得到了一些试验性的阳性结果后构想而出的。那个本科生项目使用了一个依赖噪音二极管的随机事件生成器，其机制是使一个电子元件过载直至发生故障。这台电子设备会高效地翻转，生成一系列二进制数字，这些数字应恰好符合正态分布（钟形曲线）。实验中受试对象的任务是试着影响其读数，使之与期望值不同。

　　PEAR 研究的主要目标是在更大规模上继续这种实验范式——进行数千次的测试。我们应称许 PEAR 团队付出的艰苦劳动。与科学思维作对可不是件容易的事，当时 ESP 不被学术界认可。科学界有很多人贬损超精神能力现象。

　　富有争议的科学家鲁珀特·谢尔德雷克（Rupert Sheldrake）就是活生生的例子。他应邀和动物学家及强硬的怀疑论者理查德·道金斯共同参加了一个电视节目。开始的时候，他们似乎找到了一些共同话题。谢尔德雷克和道金斯在摄像机前都同意受控实验是研究超精神能力所必需的做法。谢尔德雷克在参加节目前的一周给道金斯寄过几篇发表在科学杂志上的论文，建议他们一起讨论证据。据谢尔德雷克所言，"道金斯看起来不太自在并说，'我不想讨论证据。'"谢尔德雷克指责道金斯从事的是低级的揭露真相活动。"这不是低级的揭露活动，"道金斯答道，"这是高级的揭露活动。"

　　我认为谢尔德雷克提出的证据（通常是传闻且控制条件不足）并不特别突出，但他的经历显示出科学界很多人的起始立场的负面性，这些人未经证据审视就贬损超精神能力的可能性。正如扬和邓恩的评论，"在我们当前的团队和管理人员中，最初的怀疑……多年来已稍微淡化了一些，但轻蔑却更广泛了。在一些情况下，这种情绪表现为私下的奚落。"在这样的气氛下，持续 20 年的研究需要不小的勇气。

　　即使你表面上接受 PEAR 的结果，我们仍会考虑一刻钟，是否存在一些问题，获得这些结果数值的方式是否有疑问。在研究完 PEAR 团队发表的长期总结性论文后，物理学家斯坦利·杰弗斯（Stanley Jeffers）指出这些结果存在两个重要问题。

第一个问题，PEAR团队声称当受试对象尝试修改随机数电子生成器的输出结果时，其产生的效应与距离无关且操作员表达特定目的时的时间与操作设备时的时间不同。与距离无关还不算太麻烦，存在几种可能的机制作解释，但与设备被操作的时间无关就非常棘手了。

PEAR的研究者似乎是说这个随机数生成器上发生的效应与受试对象试图对生成器产生影响的行为在时间上不同步。可是，一旦打断因果之间的时间联系，又怎么可能将随机数生成器输出结果的任何特定改变与某人对其影响联系起来？正如杰弗斯指出的，"如果真是这样，说明作者不清楚如何将设备的操作与任何时间任何人表达的目的联系起来"。这种情况下最简单的解释是，没有谁的意念造成了这些改变，它更像是输出结果的波动，与实验无关。即使真的存在与时间无固定关系的影响，也无法被证明，因为科学无法证实这点。

第二个问题，基线行为。就像当受试对象试图影响随机数生成器产生高或低数值时要记录随机数生成器输出结果的变化一样，实验还牵涉到受试对象有意不影响随机数生成器时的情况。

根据一篇记录了PEAR实验结果的论文，这种基线值本身就存在异常。预期整个实验中这种基线值应围绕平均期望值上下波动。有时，它会高一些，有时会低一些，平均下来应为期望值。对于某些实验来说，这个基线值应该远远偏离平均值。但从论文可以看出，基线值偏离不够多。该值从未偏离出距离期望值5%的尺度。这种情况提示存在一种被称为"基线约束"的超精神能力现象。

多年后，当更多的结果被发表，基线约束的概念渐渐消失了。情况不错，因为基线值超出了期望的5%。实际上，从PEAR产生的数值散点图可以看出，基线会随时间漂移或许是由于装置的部件老化，这损害了将不同时期产生的结果合并分析的能力。PEAR团队驳斥了这些推论，但这些担忧确具有合理性。

回想起来，作为一个整体，PEAR的问题出在其收集的主要证据是偏离随机概率的微小变化。它竭力寻找非常小的差异，而不是寻找任何确定性的证据。这些结果太过微小，以至于如果这些实验是抛掷硬币，其偏离期望值 50:50 的程度只有 1‰。数据被压缩得如此紧，很可能实验设置或分析的某些方面会造成这种表面上的异常，而不能归结于超精神能力。因为研究者生成了一个巨大的测试数据库。从统计学的角度来说，PEAR 的实验结果令人印象深刻，但恼人的是，总会有人怀疑如此微小的偏差为何不能是一种系统噪声。

或许，造成 PEAR 结果的置信度出现危机的缘由是这些结果被开放给了恰当的学术审查。当任何普通科学实验产生了令人惊讶的结果时，下一步将是尝试在其他实验室使用相同的实验设计和方法作重复——PEAR 也不例外。1996 年，德国弗莱堡（Freiburg）和吉森（Giessen）的实验室加入了普林斯顿的行列，普林斯顿自身也重复了自己早期的实验。

事实上，这些实验使用了相同的方法，也使用了同样的数据分析方法。结果让所有参与者们大吃一惊，没有一所大学（甚至是普林斯顿实验室自己）能获得任何偏离随机概率期望值的结果。参与的科学家们无法对此作出合理解释，不可避免的结论是，尽管 PEAR 研究是超精神能力研究中最科学的研究，但它获得的结果太过边缘，以至于几乎可以理所当然地归因于某些偶然原因。

这真是令人沮丧。初看起来，对于支持这些能力是真实存在的人来说，PEAR 的结果鼓舞人心。获得结果的过程付出了大量的时间和人力。然而，PEAR 中使用的方法以及数据解读的方式的确存在问题。简单说，这种检测统计学行为微小变异的研究不足以证明超精神能力的存在。如果我们想从科学上证明超精神能力，势必需要大规模的清晰证据。

我想强调的是，在真实能力的测试中，我们可以清楚地指出发生了某些事情，而不是从统计学期望值的微小偏移中推导出某种能力的存在，基于后者而言的实验更倾向于数字游戏。

PEAR 研究是乌里·盖勒的浮夸表演的绝对反面。我们还未详细介绍盖勒，但他的名字已多次跃然纸面。如果不将这位技艺高超的杂耍艺人包括进来，我们很难好好审视超精神能力现象。

  我们应如何评价乌里·盖勒的出色的表演生涯？毕竟，他早期的大多数名声来自他在实验室接受的能力测试，且这些测试发表在了诸多著名杂志上。这位艺人通灵者真的如他在过去所声称的那样展现出了超能力吗（今天他仍如此自称）？

10　弯曲勺子

1973 年 11 月 23 日，星期五晨，英国观众正在自家的电视机前观看《深度谈话》（*Talk-In*），一台由顶尖时事新闻主持人大卫·丁布尔比（David Dimbleby）主持的聊天节目。观众们马上就要大吃一惊，只见一只手悄无声息地拿起一个勺子，这个情景几乎塞满了整个电视画面。停顿了一下，我们听到了丁布尔比克制的声调："今晚，我们将与这个只用抚摸就能弯曲门钥匙的男人会面。"

丁布尔比向观众介绍了乌里·盖勒，后者即将参加自己的第一次电视直播节目。应邀嘉宾还有畅销书作家及超自然科普作家莱尔·沃森（Lyall Watson）。"在我们欣赏他的表演之前，"明显很兴奋的沃森告诉丁布尔比，"我想先说一件事。这里，没有花招……我第一次见他表演时就非常认真，因为我想识破他的花招。这里，没有花招。"

伴随着沃森的恭维声，丁布尔比介绍乌里·盖勒出场。这位嘉宾宣称自己拥有两种能力。"我有心灵感应能力……不过，坐在这里的我无法知道你心里是怎么想我的，做此事之前你必须集中精神；我还有心灵致动能力……这种能力能移动、弯曲或折断物体。"

一个托盘的物件被人带上前来，乌里·盖勒拿起其中一个信封，制片人在信封里放了一幅画。我们被告知，这是盖勒第一次看见这个信封。他请制片人集中精神于画里的图像。"它会慢慢地自己浮现，"盖勒说，"不会突然出现。"他在信封上冥思了超过 1 分钟，偶尔会说几句，从电视直播上看，这段时间长得令人难以忍受。盖勒告诉我们，他接收到了两种图像：一个简单的三角形，三角形下面有几条直线；进一步冥思后，他确定这是一艘船，他一边说一边草草画出了自己的版本。

另一位在场的见证者是伦敦大学的数学教授约翰·G.泰勒（John G. Taylor）。他打开了这个密封的信封，又打开了里面的第二个信封。他的动作有些困难，电视直播带来的压力让他笨手笨脚。信封里藏着原画，丁布尔比告诉我们，这幅图是下午早些时候在演播厅的更衣室里画出来的。观众倒抽了一口气，然后爆发出了雷鸣般的掌声。盖勒的画与之几乎一致。

接下来，盖勒被递给了一块手表，手表时间停在了6点20分，摄像机拍到了停走的秒针。观众席上的一位女孩被邀请起身，当嘉宾们给她让位时产生了一些混乱，之后丁布尔比将自己的椅子让给了她。她被要求握住这块手表。试过几次后（其间，手表还被递到了莱尔·沃森的手上），手表并未开始走动。最后，正当他们准备继续时，盖勒宣布手表已经开始走动，这被显示在了摄像机的画面上。令人大吃一惊的是，莱尔·沃森突然宣布自己的手表停了。盖勒告诉我们，当他在场时，有时会发生这种情况。

接着，我们看到了经典的弯曲勺子表演，大卫·丁布尔比握着一把叉子的一端，盖勒擦拭着叉子尖齿附近的位置。直到叉子末端往下弯曲时，他将叉子放进自己手里，并结束了这个过程。"魔术师可以复制出这个表演！"乌里告诉我们，"但我想在受控条件下看到魔术师或者那些怀疑者做到，因为他们无法做到。"这时，大卫·丁布尔比总结了这次取得巨大成功的直播，称节目组已接到了许多人的电话——一些人说自己通过心灵感应接收到了相同的图案；一些人说他们家里停走的手表在看电视时也开始了重新走动。

据说，节目播出后，BBC接到了数以百计的电话和信件，"报告在遍及英国的人家中，餐具发生了弯曲，损坏已久的钟表重新走动"。随着这次表演，20世纪最知名的舞台灵媒乌里·盖勒的职业生涯一飞冲天。

盖勒宣称自己能远程启动坏掉的手表、弯曲勺子、凭空侦测矿藏、

EXTRA SENSORY

读心,他是一个行走的超精神能力实验室。他一次次地让检测他的科学家们相信他是真材实料。然而,也有很多人怀疑盖勒的行为只是将舞台魔术包装为通灵能力,只是增加了额外的戏剧性。

盖勒于1946年12月20日出生于以色列的特利维尔(Tel Aviv)。11岁时,他随母亲搬到了塞浦路斯(Cyprus)的尼科西亚(Nicosia)。当时,他的父母伊扎克·盖勒(Itzhaak Geller)和曼兹·弗罗伊德(Manzy Freud)刚离婚。盖勒以一位夜总会魔术师的身份开始了自己的职业生涯,当时的他和一位朋友希比·施特朗(Shipi Shtrang)一起表演,后者后来在多次通灵冒险中伴在他左右。施特朗常伴左右作为他的帮手是很多观察者对盖勒表演的主要诟病之一。在夜总会工作时,盖勒从未说过自己具有超精神能力,他称自己是个魔术师。不过,后来他宣称,"3岁时,自己第一次注意到了超能力。当时的他发现,他母亲打完扑克回家后,自己能告诉母亲她到底赢了或输了多少钱"。

在欧美的电视节目上露面后,盖勒声名鹊起,特别是本章开头描述的丁布比尔主持的那次节目。在盖勒的狂热粉丝安德里亚·普哈里契(Andrija Puharich)所写的一本书里,他收获了巨大的知名度,书中描述盖勒的能力背后存在一整套神话——从飞碟到古神。在得到SRI的拉塞尔·塔尔格和哈罗德·帕特霍夫所给予的第一次科学认证后,他的名气再次增长。

盖勒继续获得了比该领域中其他人更多的科学报道,包括一篇在全世界顶尖的科学杂志《自然》上发表的论文。论文说:"我们的实验结果提示存在一种或多种认知方式,个体可以通过这种方式获得周围的环境信息。不过,这种信息不是通过任何已知感官获得的。文献报道和观察让我们得出结论,这种能力可以在实验室条件下被研究。"当时,接受程度确实很高。然而,怀疑者继续向我们保证,盖勒只是一个非常聪明的舞台表演者,他使用魔术花招愚弄了科学家,这种质疑有道理吗?

看看起初抱有疑问的数学教授约翰·泰勒在看完盖勒在那个英国电视节目上的表演后热情洋溢的评论:

10 弯曲勺子

从来没有发生过像乌里·盖勒在那个奇迹般的夜晚在数百万英国电视观众前呈现的那么戏剧性的表演。科学上，没有已知的方法可以解释他是如何知道信封里的那幅画的。同样惊人的，还有金属弯曲表演。这种现象与物质发生了关联，而物质的秘密显然比意识和大脑少得多。这种金属弯曲行为可以明确重复，只要盖勒愿意，它就能发生。此外，它显然可以被传递到其他地点——甚至数百英里之外。

其他更谨慎的观察者会提出，尽管科学无法解释盖勒为何能复制出信封里的图画，但魔术师可以用很容易的招数轻松复制。经过更仔细的观察，金属弯曲行为的可复制性似乎与盖勒操控这些物体的自由程度直接相关。（至于那种可以将弯曲金属行为远程传递至数百英里之外的能力，我们将会看到，这更像是一种正常的人类心理学现象，而不是心灵致动）不过，毫无疑问的是，乌里·盖勒的确造成了很大的影响。

下面是对乌里·盖勒的遥视表演的典型描述。某个盖勒不认识的人制作了很多图画，他在盖勒看不到的情况下随机选择其中一幅并将其放入信封封口，最后递给盖勒。参与者被要求对这幅图画集中精神，5分钟内，盖勒几乎能完美地复制出这幅图画。这实在令人惊奇，他还表演了与此相似的心灵感应技艺，表演中参与者知道信封里图画的细节。

然而，事情并不如此简单，这不是受控的实验室实验。我们刚读到的内容细节并没有视频证据的支持，只是来自某人的回忆。它听起来令人印象深刻，复述传闻的人也可能被深深打动，但这不是真正的科学事实分析。

现在，我们介绍更多的一些细节。实际上，表演的时间长度接近30分钟，而不是5分钟。在这段时间里，当盖勒要求参与者集中精神时，他鼓动参与者闭上眼睛。在1~2分钟的时间里，当作画者坐在那里闭上眼睛时，没人监视盖勒。信封很薄，如果将其举高对着灯光，也许能

EXTRA SENSORY

看见里面的内容。或者，它甚至可能被打开又重新封好。

盖勒的支持者可能会指出，在真实的事例中，并无证据表明盖勒作了弊。但需要注意的是，作弊的机会就在那里。事实上，对这段事情经过的第一次叙述（可能会使其登上媒体的叙述）并未提到也许存在作弊机会的任何细节。

他的心灵感应表演也具有相似性。在标志性的 BBC 丁布尔比节目中，盖勒复制出了与一位 BBC 雇员所画并封入双重信封内的帆船几乎一样的图画，让观众大吃一惊。在节目中，他请求原画的作者（也应该是唯一知情人）拼命集中精神在图画上。接着，盖勒画出了几乎相同的东西，不同之处在于他用曲线框将帆船框了起来。他说，这是他用来构想图画的心灵电视屏幕。

真是引人注目。然而，在此过程中，没人能保证当信封被举高对着强光时图画不会被从背面看到，这种强烈的灯光在电视演播厅里随处可见。同时，故事漏掉了一个关键信息。那幅图画并不是在直播前短时间内画出的，它是在节目开始前的几个小时制作的，这给了盖勒或其帮手足够的时间偷看。从那个信封被封起来到其在电视上被打开的那段时间，信封是如何被保护的我们并不完全知晓。唯一的保证是，盖勒自己给观众说，他告诉那个作画的女人不要让信封离开自己的视线，这是了解盖勒如何获得信封内容的关键。

不幸的是，这恰好是不明白魔术原理的科学家们吃亏的地方。数学教授约翰·泰勒出席了很多次盖勒的表演，包括盖勒在 BBC 电视台的首秀，他明确地表示自己相信盖勒未作弊。毕竟，泰勒观察到，那位作画的 BBC 助理并不为盖勒认识，应该不会帮助他。

在这样的表演中，直接协助对舞台魔术师而言是最不常见的做法。更可能的是，他或者同伙（例如，一直在他左右的希比·施特朗）要么是在那张图画被画出来时看到了画，要么是在作画到表演之间的某个时间点偷看到了画。所以，他们无需作画者的协助。

有时候，玩花招的过程应该更隐蔽一些。盖勒曾上过英国电视节目

《诺埃尔的家庭聚会》(Noel's House Party),主持人是诺埃尔·埃德蒙兹(Neol Edmonds)。这个节目的一个特点是设置了一个隐藏摄像机环节,用隐藏摄像机捕捉名人的尴尬处境。在那期节目中,乌里·盖勒表演了一个一对一的心灵感应,对象是坐在桌子对面的一个人。"我的表演是真实的,"盖勒坚称,"这不是魔术,也不是戏法。"盖勒要求他的心灵感应对象作画,他遮住自己的眼睛并瞧着相反的方向。接着,他要求作画者将画板翻过去。

当盖勒得到允许回头看时,他请心灵感应对象将那幅画投射出来,就好像让画出现在一个电视屏幕上一样——这是他的心灵感应表演过程中的常见机制。他告诉她不要闭上眼睛,但他会闭上自己的眼睛。过了一会儿,他会宣布自己收到了某些图像。是不是个小房子?心灵感应的对象被惊呆了。盖勒所作的画与答案非常相似,甚至连烟囱里冒出的烟也一样。

盖勒没有指出的是,迄今为止,当人们被要求画一幅简单画时,最常见的图案就是这样的画,这在西方文化中非常普遍。但实际上,盖勒并未依赖这点。从节目视频看,最为明显的是,盖勒在作画的半途中曾快速回头面向他的感应对象。他的手指仍然遮盖着眼睛,但他直视着她。她并未绝对藏住自己的作品,她作画时的画板直接平放在桌上。盖勒如果想搞清楚她在画什么,似乎并不难做到。她没有注意到这点,因为她在专心作画。

或许,乌里·盖勒式的心灵感应展示最蛊惑人心的一个版本不是来自盖勒自己,而是詹姆斯·兰迪的贡献。这个版本披露出来的一个重要信息是,人们可以用几种不同的方法玩这个特别的把戏。兰迪的目的是复制出乌里·盖勒在成名后不久表演的一种超能力效果。盖勒上了芭芭拉·沃尔特斯(Barbara Walters)的电视节目《不仅是女性》(Not for Women Only),并表演了他常表演的心灵感应,成功复制出了两个火柴人握手的画。

兰迪打算也上沃尔特斯的节目,并完全复制盖勒的表演,同时宣称

EXTRA SENSORY

自己没有任何超精神能力。

当兰迪同意复制这个展示时,沃尔特斯的制作人决定尽量加大耍花招的难度。这种控制条件很少被用到乌里·盖勒身上:那幅画在画出来之后被放在了一个夹在书中的信封里,离兰迪的距离很远。兰迪没有帮手可以在离得很远时替他接触那幅画。沃尔特斯从画被画出来之后到上节目期间全程把那本书拿在手里。

兰迪上台时,身边安排了两个魔术师。他们后来承认,当看到那些控制条件被应用之后,他们认为他没有机会完成有效的表演。这次,似乎这位伟大的质疑者被绑在了自己的炮弹上。兰迪在信封仍留在书里时画了自己的画。让沃尔特斯惊讶的是,兰迪成功了,得出的画面基本相同。唯一的区别是,一个小人在房子里,一个画里没有太阳。除此之外,两幅画非常接近。

"你是如何做到的?"沃尔特斯问,"如果你想揭露这个所有人都相信的男人,你必须告诉我们你是如何做到的。"兰迪并未回答。"拜托,"沃尔特斯请求,"告诉我,你是如何做到的。"

事实上,魔术师是揭露超精神能力现象中的欺骗的最佳人选。没错,他们尤其擅长发现骗子如何制造一种效应,但他们一般不会说出自己的做法,从而让我们真正当场抓住骗子。一般地,他们不会揭个底朝天。除非魔术师认为解密骗术比泄露他们的商业机密更重要,他们很难抛出真相。

在一个视频中,兰迪讲述了自己与芭芭拉·沃尔特斯的会面经过。他吊胃口般地告诉我们,他后来见过沃尔特斯多次,但他一直未谈论这个问题。他无须给沃尔特斯一个解释……沃尔特斯一直迷惑不解。也许,某一天,兰迪会告诉我们,他是如何完成魔术的,但现在还没有。因为我不是魔术师,无须保密,所以我想描述一下兰迪是怎么表演这个把戏的,他使用的技巧很可能盖勒也会。

也许,兰迪用统计学证据选择了房子,因为这是人们最有可能画的东西(他知道沃尔特斯不会只画人,因为她不可能重复她曾在与盖勒的经历中展示过的东西）。不过，我认为兰迪给出了很多提示，从中能透露出他真正使用的方法。我建议你看看阿瑟·柯南·道尔爵士（Sir Arthur Doyle）的福尔摩斯故事中最著名的一句话，福尔摩斯在《四签名》(The Sign of Four)中说："我还要跟你说多少次，当你排除掉不可能的选项后，剩下的选项无论多么不可能，也必然是真相！"

不无讽刺的是，柯南·道尔的逻辑居然可以用于揭露这种花招，因为这位作家以容易上当受骗而闻名。他曾极力推崇英格兰北部的两位女学生所拍的一系列精灵照片。尽管这些照片明显是剪纸，可柯南·道尔至死仍固执地相信它们是真实的精灵。显然，福尔摩斯似乎比自己的创造者更有头脑。夏洛克·福尔摩斯的这句话告诉我们，如果兰迪不可能在自己作画前看到芭芭拉·沃尔特斯的画，那么，除非他猜得很准，否则他必然是在他（以及观众）看到原画之后作的画。

在观看这个节目时，我们看到兰迪表面上是在沃尔特斯展示画作前用一支圆珠笔画了他的复制品。的确存在一种可能，兰迪确实在这个时候画了一点东西，他所画的也许是一个基本框，之后能在此基础上随意修改。同时，也可能他什么也没画，只是动了几下笔，装作在纸上画画的样子。

当沃尔特斯将她的画展示在摄像机前时，所有人的眼睛都在那幅画上，兰迪将他的画板举到身前，作画的一面朝着自己的身体。他没有握着笔，故而无法画出任何东西，对吗？他是否用了一种老魔术技巧，将铅笔芯固定在指甲上，在画板后面画画，也可以用圆珠笔笔芯截下来的笔尖完成这个动作（可以对着答案画图）。实际上，就是用指尖画画。

我相信，这或者就是兰迪的做法，当沃尔特斯在摄像机前展示画作时，他正给自己的画增添细节。他不能太频繁地看着自己的画，以避免穿帮——这可以解释为什么他画的火柴人在房子顶上（或按照他的说法，房子"里面"）而不是在房子边上。从兰迪对表演过程的描述中还可以得到一个线索，他曾煞有介事地说，要将太阳加进去让他的画更像原作——他或许是在强调自己的确能在之后将画加进去。此外，他后来

EXTRA SENSORY

还在一个视频中强调自己使用了圆珠笔,而盖勒使用了一支大记号笔,使之更难复制这种技巧。(实际上,盖勒是在众目睽睽下作画,他无法使用这个技巧。)

这种事件被看待及描述的方式与真实发生情况之间的分歧也同样发生在盖勒自己引人注目的展示上:将心灵致动能力推至全新而戏剧性高度的表演——弯曲勺子、叉子和钥匙。据说,盖勒的这次表演发生在一个嘈杂的房间。从描述来看,这些物件似乎是在自动弯曲。然而,如果试着精确确定事件的发生过程,你会发现勺子起始的弯曲并未让人清晰地看到。(当把已弯曲的物体握在手里让其在指间移动时,很容易伪造它的弯曲程度在逐渐增大。)

在表演时,盖勒几乎没停下过脚步。他也许不得不在房间内穿梭以假装自己在做一些无关的行为,或者和某人握手,或者拍照。相似的是,他和一个助理紧密接触了多次,这名助理大可以拿走待弯曲物品,在视线之外使其弯曲再将其递回给盖勒。仔细分析可以发现,物品的起始弯曲并未发生在观众的眼前。就像在丁布尔比的节目中发生的一样,这件餐具的弯曲过程看起来并未离开我们的视线。但实际上,它很可能被预先处理过,使其很容易被微小的力折弯,盖勒在多次操控过程中很容易施加这种微小的力。

也许,在那次 BBC 电视节目中的那种受控环境下,盖勒弯曲的那把叉子看似不可能被预先处理过,但实际上,更近一点观察,一切都不是看起来的那样。在丁布尔比的节目中,盖勒从一盘餐具里挑出了那件他将要弯曲的物件。当然,我们以为他事先并无机会接触某些物件,进行预先处理或预先弯曲的操作。但后来,经过询问发现,节目的导演和制作人承认盖勒在节目录制之前要求将那盘餐具放在了他的化妆间——他们同意了这个请求。

毫无疑问,乌里·盖勒或许会说,他需要这样才能"感受金属"或者类似的借口,但事实是他后来弯曲的物件未被安全地与盖勒及其助手隔开,反而在节目录制前放进了他的化妆室——节目并未提及这点。节目的策划怎能如此幼稚，允许这样明显的作弊机会？他们认为自己控制了事态，因为他们安排了人守在托盘边上，确保盖勒不能在餐具上做手脚。但制作人在节目录制前的某个时间点进入过化妆室，他发现盖勒独自一人留在那盘餐具附近。他让那个守卫到房间外帮他跑腿去了，目的似乎达到了。

至于盖勒的启动停表的技术，很多停走的手表如果用力摇一摇也会短暂走动。请看看本章开头描述的盖勒在丁布尔比节目上启动停表的把戏。我们并未近距离看到手表重启，我们看到的是盖勒拿起表，似乎运用了某种出色的误导技巧，安排观众席上的一个女孩上台并在嘉宾中引发了相当大的混乱。在此期间，没人关注盖勒在表上做了什么手脚——实际上，大部分时间，摄像机都未对准他，而是专心拍摄那位观众代表的滑稽举动。

这给他提供了充足的机会去用力摇晃手表使其重新走动，或者，就像他有时在表演中会做的，调整表针使其看起来跳到了不同的时间。关键是，在这次电视节目中，从盖勒拿着手表到手表在那位女孩手上被显示走动的那段时间，我们并未一直关注它。当他将手表交到女孩手上的瞬间，他将她的手盖在了手表上。

讽刺的是，有人会辩称盖勒最初没能启动手表使表演更倾向于真实。但事实是，启动手表并非精确的科学——它靠的是运气。不是每一块停走的手表都会在用力摇动后重新走动，但某些手表会。盖勒经常发生的失败似乎是因为手表在被摇动之后没能重走，或者是在控制条件足够良好的情况下，他和他的同谋没有作弊的机会。

乌里·盖勒貌似能影响钟表的能力还有另一个特点，即他的能力似乎能超越演播厅。不单是他在台上操控的手表能神奇地重启——很多观众或听众在节目播出期间和之后都打来电话，声称自己的钟表也自发性地启动或停走了。正如约翰·泰勒所说，他似乎能将自己的能力扩展到演播厅之外几百英里的地方。这种效应甚至还能扩展到其他任何事情，挂画从墙上掉下来到盘子自发碎裂。

EXTRA SENSORY

很明显，盖勒不可能匆匆跑到所有观众和听众的家里去操纵他们家里的东西，这肯定不是舞台上的干扰技巧。此处，是否真的存在一种实时发生的超精神能力现象？要了解这些例子中到底发生了什么，一个有用的参考是另一位心灵表演者詹姆斯·皮钦尔斯基（James Pyczynski）曾参加的一个听众来电电台直播节目。当他在电台讲话试图将其影响力发送出去时，一大批观众纷纷致电，描述他在他们家里制造了奇怪效应。

钟表重启、停走、快走；动物开始奇怪的行为；镜子破裂、灯泡爆炸，房子里的物件弯曲并断裂。后来，揭露皮钦尔斯基的是詹姆斯·兰迪的助手，称并没有奇怪能力的存在。皮钦尔斯基出现在电台节目上和观众报告的事件之间并无联系。

事实是，这些事情一直发生着。刚刚，我就听到自己厨房传来一声奇怪的破裂声。房子会产生声音，我们每人都会听到奇怪的声音，画从墙上掉下来、钟表停走又重走、宠物怪异表现。通常，当这些事情发生时，我们会短暂评论两句，然后完全忘记。没有理由将我们经历的事情归结到一个特殊理由上——它就是发生了。但是，如果它发生在一位自称拥有特异功能的表演者出现在电视或电台上时，就很容易在这两者间形成一种虚假联系，并让人们相信是这个表演者制造了这种现象。

其他"奇怪的偶发事件"直到你去寻找它们时才会被注意到。镜子破裂或者你岳母的照片破裂可能已经发生了好几周。但仅当你去寻找任何能与正在直播的通灵者表演联系起来的东西时，你才会注意到它。人类是奇怪的生物，经常为了随大流或者引起关注而编造故事。换个角度，假设这些事件确实是在那个时刻真实地同时发生，也完全正常；相反，百万人观看这个直播，百万人的家里什么也没发生似乎才应该感到奇怪。

以一座在电视节目播放时停走的钟为例。假设大部分人家里都有一座一年停走一次的钟（这是保守估计，在20世纪70年代，时钟在百姓家中很常见）。假设有一百万个家庭观看了某个节目，节目时长可能是一小时。在这一小时的时间内，一百万个家庭中的某个家庭家里的钟偶然发生了停走事件是完全可能的。显然，对这些家庭里的人而言，他们会快速地将此与节目内容联系起来。在这个时间窗内发生的一切怪异事情，我们就会自然地将其归结于心灵表演者。在这一百万个家庭中，我们预期有多少家庭会在这个时间窗之内发生时钟停走事件？从统计学上看，有228个观看节目的家庭中的时钟会出乎他们意料地停走，这个数量已经很大了。

这个问题发生的部分原因应归结为——"如果你有足够大的样本，不可能发生的事情通常会发生"效应。我们常用中乐透大奖来举例说明某件事有多不可能发生。当我们谈起某件非常不可能的事时，我们会说，"中彩票的概率都比这个大"。然而，事实是，在全世界范围，每周都有人中乐透奖。没错，任何个体中奖的概率都非常小，但有人中奖的概率则非常大。相似地，你家的时钟在某个通灵表演者上电视时停走的概率很低，但上百万人家里的时钟在那个时刻皆不停走则显得极不可能。

有意思的是，盖勒曾与约翰尼·卡森（Johnny Carson）一起上过《今夜秀》（Tonight）节目，后者曾是魔术师。詹姆斯·兰迪给他建议了适宜的预防措施，增加了节目设置以确保盖勒无法事先在道具上动手脚。节目的节奏慢得令人难以忍受且效果平淡，盖勒未能做到他往常做到的那些花招。

《每日新闻》（Daily News）的记者唐纳德·辛格尔顿（Donald Singleton）曾跟随过盖勒数天，他曾发现盖勒在桌子的餐巾下藏了一把预先弯曲过的叉子。显然，这是清清楚楚的作弊行为——事先安排好道具，之后再使用。盖勒声称，这是他的神秘能力自动作用在了餐具上。在意大利RAI频道的一个隐藏摄像机节目上，盖勒还曾在摄像机镜头下被抓到弯曲钥匙动作，有明显的手部动作造成了钥匙起始的弯曲。

在另一次展示中，盖勒在德国电视台表演了折断厚重金属长柄勺的柄端的惊人技艺，人们印象深刻。盖勒从一个托盘大约30个金属物体中选择了长柄勺，这些物体由一位物理学家提供，当时他作为见证专家出席（盖勒似乎不能在这个长柄勺上做手脚）。然而……尽管在摄像机前未得到允许，但这位物理学家在节目后指出，"他的确为测试提供了餐具，但托盘里似乎有一个物件不是他所提供。这个物件就是那个长柄勺"。盖勒是否有机会在提供的样本上做手脚，这个问题也许你有了答案。

那些相信盖勒的能力但也同意他有时的确会作弊的人会说，这是一个真正通灵者的常见行为。这种人天生就想讨好观众，他的超精神能力并不稳定，不能总是随心所欲。所以，在必要时，他们或许会作弊使事情进展更顺利。这些支持者们争辩道，这并不能证明像盖勒这样的人每次都作弊。然而，这样的辩护实在太软弱。诚然，这不是证据，但它强烈地提示灵媒不值得相信。某只狗，只是偶尔会咬人，这能证明它是一条好狗？

在盖勒的网站上，SRI 的实验被赋予了崇高地位，被放在了一个标为"科学"的板块，我们可以读到，"这些重要的受控实验作为一篇科研论文发表在富有声望的英国《自然》杂志上"。面对这样的声明，很重要的是要确定三件事情：

1. 《自然》杂志真的发表了这篇论文吗？大多数人不会去核对，而是将其当作事实。

2. 这些实验真的是受控的吗？我们介绍过，某个实验是科学家所做，并不意味着设置了适当的有效的防作弊机制。

3. 这些实验成功了吗？再次，很多看到这一声明的人都会信以为真，忽略查明这些实验的真实结果。

《自然》杂志确实发表过这篇论文——在杂志的档案中还能找到——但盖勒的网站故意忽略了相关的编辑评论。在评论中，编辑明确说明，对这篇论文的发表持有重大的保留意见，他们不满意这篇论文（或其描述的实验）的质量。编辑评论告诉读者，这些实验的实施细节"模糊且令人不安",不太可能被心理学杂志接收。

编辑同意发表是因为尽管存在上述缺点,但这篇论文是由两位资深科学家作为科学文件提交的(塔尔格和帕特霍夫是受人尊敬的激光物理学家)。

盖勒的网站将这些实验描述为受控的实验——真实吗?这是我们要分析的关键。我们一次又一次地见识过,如果没有采取适宜措施严格控制实验过程而只靠装置设备的话,伪造超精神能力的人或能为所欲为。

乌里·盖勒参与的 SRI 实验有两种重要的类型。第一种类型测试心灵感应和遥视,通常涉及到复制出位于另一房间的图片。第二种类型测试需用到一个装在金属盒里的六面骰子,盖勒的任务是在这个密封金属盒经过摇动后,确定骰子朝上的是哪面。

良好的控制条件意味着,在这个画图实验中,原画所在的房间与盖勒所在的接收图画的地点之间,不能有任何交流。同时,也不应让为盖勒工作的人有任何看到原画的可能——不管是进入画所在的房间,还是从其他地方看到这个房间。但实际上,绝对保证不存在交流是困难的,所以避免存在同谋传递消息的可能是一种好的做法。

在骰子实验中,我们应确保盖勒无机会在骰子上做手脚或者用道具替换掉原来的骰子。盒子必须完全不透明且无裂缝,盒子封口的方式只有实验人员才能打开。理想情况下,盖勒永远碰不到盒子——如果盖勒声称碰触有必要,那么,接下来当盖勒试图侦测骰子数时,盒子必须留在某个实验人员的手里,或者在一个像钳台这样的受控环境里。

如果设置了这些(或类似的)预防措施,外加详细的视频监控,这个实验将如盖勒声称的(也如塔尔格和帕特霍夫在论文中说的)那样确实受控良好。但是,《自然》杂志上的编辑评论抱怨的是,这些控制措施的实施细节"模糊且令人不安"。从后来发生的事情看,这的确是有理由的。根据一段在 SRI 实验过程中录制的剪辑视频(也是实验时在场的其他人所收集的信息),控制设置似乎存在巨大缺陷,盖勒即便不使用超精神能力也完全可能通过测试。

EXTRA SENSORY

根据那篇发表在《自然》杂志上的论文原文，我们得知在图像复制实验中，盖勒被安排到了不同的地点，一个有双层墙的房间，房间有一个声音监视器，声音只能传出去而传不进来。塔尔格和帕特霍夫写道，"在仔细检查过这个屏蔽室以及实验所使用的方法后，我们未发现信息可以漏进来的情况"。然而，根据其他观察者的说法，盖勒被隔离在这个房间的时候至少存在三个问题。

第一个问题，这个房间并不隔音——外部的声音可以传入房间。这是不可避免的，因为这个"封闭"的房间和房间外传送图画的地方之间有一个洞。实验人员往这个 3.5 英寸的洞里塞入了一些纱布，试图封堵它，但这种微弱的预防措施并不能完全阻碍声音的传递。至少，在一次实验中，人们发现纱布掉了出来。如果盖勒在外面的房间有同伙，这个洞很容易被打开用作视觉交流的媒介。

第二个问题，这个房间并未测试无线电隔离。舞台魔术师常用微型耳机收听关于听众的信息。好的魔术师可以毫不费力地将这种微型耳机带进这个封闭房间且不被人发现。（霍迪尼能在接受裸体搜身以及医学探查的情况下将钥匙藏在身上。）如果无线电通信存在，且盖勒在外面有帮手，那么，这个房间藏不住秘密。

这个实验使用的其他地点的保护似乎也不周全。其中一个地点是法拉第笼，应当承认，它理论上可以防止电磁通信。法拉第笼的理论基础是，被金属箱包围（即使上面有洞）可以防止电荷被转移到笼子内部，使无线电通信几乎不能成功。这个笼子有很大的开口，可以看到外面的情景，使其没有办法从视觉上将盖勒与同伙隔离。

塔尔格和帕特霍夫未开发出控制良好的实验方法并坚持实施，不幸的是，这点恰好是诸多超精神能力测试典型的业余特点。为什么要不停地改变位置？这个实验像极了孩子们的做法，没有耐心坚持用某一种方法执行。他们总是为受试对象绕开他们的控制措施提供新的机会，如果盖勒想作弊，并不困难。

第三个问题，在《自然》杂志的那篇论文以及塔尔格和帕特霍夫对实验的描述中，从未点名盖勒的长久舞台合作伙伴希比·施特朗在实验当时恰巧在实验房间之外的那个房间。

一位观察了这些测试的心理学家说，"施特朗掺和上了一脚"。拥有专业技巧的施特朗能毫不费力地看到待传图像，并用肢体语言或无线电通信的方法将其传递给盖勒，或者用小纸条通过墙上的洞递进去。（有趣的是，记录纱布掉出来的那次，恰好是盖勒唯一一次完全复制出图像的测试。原图像是一串葡萄，盖勒甚至能将葡萄的数量做出精确预测。显然，通过纸条，这种信息的传递不难做到。）

再谈谈骰子实验，从表面上看，非常惊人。在《自然》论文中，作者告诉我们，"实施了双盲实验，将一个3/4英寸的骰子放入一个尺寸为3×4×5的铁盒里。接着，一名实验人员剧烈摇晃盒子，然后放在桌上。人们通过对照测试发现，这种方法产生的骰子分布与随机分布并无显著差异。当时，盒子里的骰子方向对该实验人员来说是未知的。接着，盖勒写下朝上的骰子面是哪一面"。

听起来，这非常了不起。设置了对照测试来检查骰子的公正程度是出色的做法，且实验是双盲的。故而，不存在实验人员知道目标面的数值而将其泄露给乌里·盖勒。但是，作者未指出两个关键事实。第一，从表面描述上看，盒子似乎被隔离在桌子上，盖勒从远处施展了自己的遥视能力。实际上，他不但在同一个房间，还被允许在预测前操弄了这个盒子相当长的一段时间。第二，盒子本身并未被封闭或锁死，技艺高超的专业人员可在不被发现的情况下进行偷窥。如此，这个骰子实验从真正的遥视壮举突然变成了基本的魔术技巧。

所以，控制措施实际上并不严谨。至于成功率？在猜骰子上，盖勒的猜中率非常不可思议——十轮测试中，两轮未给出答案，其他的全部猜中。统计学上，这种情况的随机发生率为百万分之一。不过，如果他能偷窥，这将变得简单。某些轮次的测试，他拒绝给出答案，这是盖勒表演的常见特点。

在图像传递实验中，他取得了多次成功，同样地，有一些图像他拒

EXTRA SENSORY

绝尝试。他完全清晰复制出的唯一一张图像是一串葡萄。其他的图像，他的画异于原画，只是具有相似性。试想，如果有人试着打手势提示盖勒画中的事物，出现这种结果似乎具有较高的合理性。

或许，这些被传递的图像中，最有趣的是一张拿着干草叉的魔鬼的图像。盖勒画了太多的草图，整整铺满了全张纸，实际上这些草图与原画无关。如果他真能遥视或进行心灵感应，为何要这样做呢？不过，这幅画有一个部分是一对潦草涂就的干草叉。这对干草叉和其他的草图明显不同，更潦草，甚至盖在了其他草图之上。这两个干草叉的作画方式让人不由联想到兰迪曾使用过的技巧——在原画揭晓之后添加图画，将铅笔芯或圆珠笔头安在指尖，在不看纸的情况下盲画。这对干草叉看起来迥然不同，像极了以这种方式后添加的效果。

有趣的是，盖勒接受了另一个控制条件更佳的测试。该测试设置了一组一百个信封，没人知道这一百个信封里有哪些图像，结果他放弃了回答，尽管他尝试了三天以思考信封里的内容。这或许是一个非常重要的实验结果，然而，你在盖勒的网站或关于其超能力的狂热书籍里找不到这个结果。同样未被提到的是，有一次，这个实验的控制条件被放松之后，盖勒突然能看到信封里的图像了。一位 SRI 心理学家查尔斯·雷伯特（Charles Rebert）评论，"我当时在场，我相信他作弊了"。

某些对盖勒表演的分析不可避免是推测性的，但不是全部。很多时候，盖勒的粉丝"阿波罗号"宇航员埃德加·米切尔（Edgar Mitchell）在这些实验进行时也在场。尽管名人的介入似乎更适合舞台表演而不是科学实验，但米切尔的在场的确发挥了作用，因为他评估了这些听起来真实可靠的实验的质量。事实上，他不是怀疑者，而是超精神能力的公开支持者，但他仍然说："塔尔格和帕特霍夫太想留下盖勒，他们像是把自己装进了笼子里，迎合他的各种要求。如果他威胁要一走了之，他们就会软下来，听从他的调遣。当然，他们失去了对实验的控制，且情况变得越来越糟糕。"这就是所谓的著名"受控"科学 SRI 实验。盖勒的每个要求都被答应了——甚至是通常显得可疑的要求，比如能提供作弊机会的要求。

盖勒还曾在《时代》杂志办公室展示过他的某些能力。这次，人们做出了更有效的判断，尽管这一判断缺乏实验室会应用到的控制条件。盖勒不知道的是，当时在场的一位记者是魔术师詹姆斯·兰迪。盖勒表演了他的两种标志性能力——心灵感应能力和弯曲金属的心灵致动能力。

心灵感应表演有两部分。第一部分，盖勒试图复制其他人所画的图画。兰迪是发送者，他握着铅笔，使其隐藏在画板之后，如此盖勒什么也猜不到。其他人（发送者）将铅笔尾部露了出来，盖勒用手指遮住眼睛，或许从指缝间偷看，多次成功复制出了图画。似乎，他用了魔术中的经典技巧：通过观察铅笔尾部的运动推测别人的绘画。

第二部分，盖勒先写下一个首都的名字，接着写下一个1到10之间的数字。当他用意念广播信息时，在场者必须尝试接收他写下的内容。有人提到了伦敦，最后发现盖勒写的是巴黎和伦敦，最后轻轻划去了伦敦。他的这种方式提供了两个最可能被人猜到的国际首都名。同时，他写下的那个数字是7——到目前为止，经验上，7是1到10之间最易被人猜出的数字。这种"魔术"是我学生时代就会把玩的技术。

接下来，盖勒弯曲了一把钥匙和一个叉子。兰迪和其他目击者直白地声称，他是用物理方法弯曲的——直接用钥匙抵住桌子使其弯曲。因为他使用了其他动作转移了别人的注意力，但兰迪全程盯着那把钥匙。

在《时代》杂志社的这次展示中，特别有趣的是安德里亚·普哈里契也写过这段故事，他是将盖勒带到美国的人。普哈里契的版本与兰迪的版本截然不同。普哈里契在他的书《乌里》（*Uri*）中描述，他和盖勒都心知肚明有魔术师在场，虽然乌里成功了，但这些魔术师一直在暗地中伤他，说他们也能用魔术技巧复制出同样的效果。毫无疑问，他们也许能复制出来，但这个故事的真实版本并不是兰迪的叙述。同时，兰迪的叙述也与当时在场的《时代》杂志员工的证言不同，他们可没有心怀叵测。

EXTRA SENSORY

矛盾在人们对盖勒表演的很多叙述中非常典型。无迹象表明普哈里契真正相信盖勒的能力,但他心中的确有强烈的欲望。记住,普哈里契希望从他描写盖勒能力的书上赚笔大钱,他需要奇迹的发生。

普哈里契对盖勒故事中某些更极端的方面负有责任,他在书中暗示盖勒的超能力来自飞碟。或许是因为这个故事会削减可信性,盖勒本人迄今也未复述(当然,他也未直接否认普哈里契的说法)。据称,普哈里契目睹过盖勒登上一个UFO——一个碟形的金属构造,顶上闪着蓝光,"他们发现于沙漠中"。他声称该事件曾录有录像,但不幸的是,包含这段关键记录的胶片盒丢失了,UFO几分钟内就消失无踪。

兰迪记录了一个很有意思的事例,这个故事说明了心中的欲望会如何影响一个人的判断。他拜访了盖勒的一位粉丝,伦敦大学的约翰·霍尔斯特德(John halsted)博士,他曾与世界级物理学家大卫·博姆(David Bohm)一起目睹过盖勒的表演。他对盖勒将勺子断为两半的方式大为震惊,因为折断的勺子未出现他预期会出现的应力性裂纹。科学上,如果勺子是被反复前后弯曲,必然会出现这种裂纹。

兰迪请霍尔斯特德从餐厅拿出一把勺子,并将其放入自己的口袋。然后,他们回到了霍尔斯特德的办公室,霍尔斯特德在那里接到了一个电话,接着兰迪直接用手指(表面上看)将那个勺子捻断了。霍尔斯特德发现,勺子同样未出现应力性裂纹。兰迪并未泄露自己的诀窍(尽管像往常一样,他清楚地知道这不是什么超能力)。他向霍尔斯特德保证,自己并非是在霍尔斯特德接电话时弯曲勺子的。更可能的是,兰迪早些时候从餐厅拿了另一把勺子放进了自己的口袋。

有趣的是霍尔斯特德对兰迪的花招的反应。当时,他相信兰迪是一位记者。当兰迪表演完这个花招后,霍尔斯特德将勺子扔进了垃圾箱,说他不想让它混淆了"真正"的实验。似乎一个小小的记者能复制出盖勒的花招并不令人惊讶,他不认为这意味着盖勒应遭到质疑。霍尔斯特德用两种完全不同的思维模式应对盖勒和正常世界,这是盖勒利用一整套仪式而刻意助长的心理现象,也是相信他的人所特有的思维模式。同时，这也是他的表演的一部分。

盖勒还表演过一种心灵感应能力，即猜出他不在场时写在黑板上的数字和单词，或者描述出观众身上的私人物件。在盖勒的朋友们的帮助下，这些貌似神奇的展示在一篇发表在以色列周刊《世界》（*Haolam Hazeh*）上格外坦白的文章里得到了解释。

这些表演依靠的是盖勒复制他本人不可能亲眼看到的信息的能力，因为他不在现场。但是，希比·施特朗以及其他随从正是从此介入。盖勒总是坚持让这些人得到观众席上的好位置。就像我们在他参加的 SRI 实验中看到的那样，尤其是施特朗，实验进行时，他经常在场并"掺上一脚"。

这篇文章引用了施特朗的姐姐汉娜（Hannah）的话，她叙述了盖勒和施特朗相遇的过程，当时的盖勒是施特朗参加的一个夏令营的顾问。他们的友谊正是从那时开始并持续至今——他们发现自己对舞台魔术拥有同样的兴趣。最终，这种舞台魔术发展成了盖勒的表演。据汉娜所言，乌里·盖勒的读心术靠的是坐在观众席里当托儿的施特朗。两人事先约定好一套信号，施特朗可以用这些信号将信息传递给盖勒。汉娜、盖勒的司机和另外一些朋友都承认自己曾在不同表演中充当过这种角色。

例如，当人们在盖勒不在场的情况下写下一个数字时，施特朗会使用一种简单的编码方式，将数字与手势（比如用手摸一只眼睛、舔嘴唇、摸耳朵）对应起来。

表演者还经常使用"心理学的力量"表演某些相似的花招，他们利用的是观众有限的猜测范围。例如，盖勒经常表演一种心理花招，即猜出一名观众心中所想的世界首都。我们在伦敦/巴黎的例子中已经看到，实际上，观众心中所想的首都范围很少超过两到三个。

具体地说，你想伪造出用意念与完全陌生的人进行交流的能力。不存在帮手或托儿，你请所有的观众坐下来，清空头脑并想着一种颜色。他们需要集中思冥想这种颜色，禁止出声。你凝视着观众，貌似在绞

EXTRA SENSORY

尽脑汁地接受信息。一会儿，你请分散在观众席不同位置的三位观众起身。你说，这三人是特别有力量的心灵感应者。他们笑了起来，看起来扬扬自得。

"好吧，"你对着他们说，"当我正确说出你正在想的颜色时，请坐下来。我正在……关注你的心思……我接收到了蓝色、红色和绿色。"话音落下，三人都坐了下来，观众们颇为惊叹。似乎你正确地说出了他们正在想着的三种颜色。但实际上，大多数人都会想着这三种颜色中的一种，也可能他们想的都是同一种颜色——比如蓝色。然而，你的方法是将三种颜色组合起来。从结果上看，这很容易做到，并不需要心灵能力。

当然，有时候你会搞错，因为某人聪明地想到了别的颜色，比如粉红色。没有问题，一个像盖勒那样思考敏捷的表演者会立即回答，他将粉红色视为红色（当这个颜色和他说的颜色不绝对联系时，他会指出我们对颜色感知的主观性）。在这种情况下，他甚至会说，他们眼里看到的棕色在他的感觉中是绿色。我并非说乌里·盖勒曾使用过这种技巧，但确有良好的证据表明，这里所涉及的心理学现象是盖勒常用工具包的一部分。

至于盖勒有时彰显自己知道观众私人物品的貌似惊人的能力，据一篇揭秘文章所言，盖勒的助手被要求在观众抵达时对他们密切注意——在观众买票、购物以及入座时，时刻注意他们的举动。同伙会记下任何映入眼帘的物件，寻机告诉盖勒，让物件的主人大吃一惊。

汉娜还叙述了她的兄弟和盖勒曾花费数小时练习如何在短暂瞥见图画的情况下复制图画内容，然后用最少的接触将图画内容展示出来。这篇文章在被翻译之后，也未引起世界媒体的关注，它指出了盖勒的花招不太可能是超能力。事实上，如果只是魔术师证明自己也能复制出一个花招，那么，这只能说明盖勒有作弊的可能。如果表演者的同谋描述了表演者的花招方式，那么，作弊嫌疑就真应坐实了。

通过乌里·盖勒的例子，我们看到，一个人靠貌似的超精神能力成就了一番事业。当然，也有很多类似的专业人士未取得盖勒的名声。客观地说，我们的确应该考虑另一种操纵手法，那些确实尝试过研究超精神能力现象的人也许是受到了对名声的渴望或纯粹恶意的驱动。

关于这种现象有大量的例子，但或许最惊人的是英国数学教授约翰·泰勒的欺骗行为。泰勒喜欢媒体的曝光，也对科学的极限感兴趣，所以在那次丁布尔比的节目上露面后，他决定着手在正常的年轻人中测试类似盖勒能力的存在。此后，泰勒在自己编纂的《超级心灵》(*Superminds*) 里记录了自己的实验和有关超精神能力的理论。

泰勒在该书中花了大量篇幅叙述乌里·盖勒的表演，他抓不住要领的能力令人担心。他评论了盖勒在 SRI 预测金属盒子掷骰子的能力，他说，盖勒使用一个具有无线电发射器的特殊骰子来表示哪一面朝上的情况非常不可能，这在技术上不具有可能性。作弊所需的是偷看骰子，无需高科技手段。相似的是，泰勒声称，SRI 的心灵感应和遥视实验只有在盖勒和研究者之间存在"恶心的共谋"的情况下才可能发生欺骗，但他并未指出盖勒通过让自己的助手在场获得信息产生共谋一事（当然，它也许并未意识到这点）。

泰勒写道，"盖勒在英国的三次露面，分别出席了吉米·杨（Jimmy Young）、丁布尔比和布卢·彼得（Blue Peter）的节目，在全英格兰掀起了弯曲勺子的浪潮……大量的人突然发现自己成为了金属弯曲者，数百人宣称他们能用意念启动或停下钟表。在最初的爆发之后，金属弯曲现象稳定增长，今天仍在继续。"

泰勒继续叙述了一系列在盖勒的表演之后发生的关于金属弯曲的传闻。这些传闻本身很有意思，但并无科学价值，泰勒自己应该也意识到了。不过，值得赞扬的是，泰勒并不准备只依靠传闻，他着手准备了一系列的受控实验，这些实验试图观察很多自称拥有出色金属弯曲能力的孩子们身上到底发生了什么。

泰勒留意到，在那些自称拥有这些能力的人中，高比例是孩子。这里，值得快速看看他对该点的解释，这有助于了解他想要测试这些孩子的心态。他提出，或许这些孩子有更多机会练习他们的超能力，因为他们拥有比成人更多的业余时间。或者，也许金属弯曲能力的某个方面对孩子来说具有进化生存价值，成人则不然，故而这种能力随着我们的成长会渐渐消失。但一种显而易见的可能性他只字未提：或许，还有一个原因，孩子们更可能编造故事，更可能接受他们生活中的幻想元素，甚至更可能操控世界以更好地符合他们的幻想。

在实验刚开始，泰勒就明智地去除了餐具——这对电视节目来说问题不大，但对科学实验而言，餐具可不是什么标准仪器。他想弯曲另一种简单物体，来源最好可由他控制，而不是使用可通过反复弯曲或弱化而提前做手脚的勺子或叉子。

他选择的实验材料是长约10厘米（4英寸）宽约0.6厘米（0.34英寸）的铜条和铝条。这些铜条和铝条是他的心灵致动实验的主要实验工具，不过泰勒也试过很多其他材料——塑料、玻璃、碳和木材，以及其他金属（有些是柔软的铅和锡，有些是坚硬的铁和钨）。他发现，总体来说，任何材料都可以被扭曲或折断，但玻璃除外。

在某些方面，泰勒对自己的研究非常小心，对那些拥有物理科学背景试图观察这种现象的人来说有趣且典型的是，他花了大量精力确定这种特殊行为是否涉及了各种物理学现象，而不是去确保其中没有人为干预。例如，他描述了自己如何研究外部的电磁辐射是否会在这种弯曲行为中发挥作用的过程。

为此，他尝试将不同的材料条放进不同的防护罩里。有些情况是将其放入两种不同的细网格管里，这种细网格管可以像法拉第笼一样屏蔽电磁辐射。另外一些情况是将其放入石英管里，石英管可以让光透射，屏蔽大部分的电磁辐射。泰勒观察到，他的实验对象似乎被实验室的这些管子屏蔽了能力，不过，"其中两名最好的金属弯曲者，带着三种不同的管子在家里待了一周时间，回来时铝条被神奇地扭曲了且并无一个封条被打开"。

请注意这里描述的细节——泰勒不辞劳苦地想知道电磁辐射是否能

影响这些条带（极不可能），然而，他选择对一件事实视而不见，他让自己的实验对象带着这些条带回家待了一周时间。显然，他们是在闲余时间，无人观察的情况下实施能力。他仅依靠孩子们的诚实和他在管子上设置的封条来排除作弊行为。

在另一次对金属弯曲行为的描述中（这次未用到那些管子，金属直接可以用手接触），泰勒说，"一个受试对象被留下和一根铜条待在一起，他让其软化断成了碎片，甚至到了能从上面撕下一块碎片的程度"。我想，即使是从未声称拥有金属弯曲能力的我，如果有机会被留下与铜条共处（铜条未被封闭），折断一根薄薄的铜条似乎并不困难。

泰勒继续描述各样微小且不可能的"解释超级儿童弯曲金属能力"的原因，想知道他们是否能做到用意念产生热、磁力、紫外线辐射、电力辐射。不过，他并未排除一个简单的原因：这些孩子用手弯曲金属条带。打个比喻，你希望搞清楚为什么每天放在狗碗里的食物会消失不见，不去观察是否狗吞食了食物，而是观察食物是否被闪电击中而蒸发。

科学中有一个非常古老的原则，奥卡姆剃刀原则，名字来自13世纪的方济各会修士及哲学家奥卡姆的威廉（William of Ockham）。这个原则的最初版本近似于"如无必要，勿增实体"（原文为拉丁文），该原则的精髓是我们应用最简单的可用理论解释结果，不宜引入更多的复杂性。奥卡姆剃刀当然不是解决一切科学问题的灵丹妙药。例如，有时在物理学中，最佳的解释并非最简单的。但是，该原则总是值得考虑的。泰勒完全没必要提到这些涉及辐射或电磁效应的复杂机制，除非能确定这些金属被弯曲没有更直接的原因。

毫无疑问，尽管意识到了奥卡姆剃刀原则，但泰勒继续假定这种"盖勒效应"是由各种辐射产生的，并最终得出结论，"由于某些深奥的推理，这种效应是某种电磁力的结果"。

当泰勒仔细观察他的童星们时，什么也没发生，他相信自己观察到的是他所称的"羞怯效应"。当受试对象被观察时，他希望研究的现象并未发生。相反，只有当这些年轻人不在他的视线之内时，这些金属条才会发生弯曲。泰勒做出的幼稚解释是，这种能力在直接观察之下终止了运作。泰勒写道，"他们未能展示自己的能力，是因为监视摄像头或科学检测仪器大大影响了他们的自信心"。

另一组研究人员也研究了泰勒的年轻门徒，却成功地在这些受试对象被观察的情况下观察到了该现象，否认了羞怯效应的可能性。对比起来，泰勒的童星们未能展示自己的能力，更可能的原因是，监视摄像头或科学检测仪器大大影响了他们的作弊能力。

这个研究了同一批年轻人的研究团队来自巴斯大学（University of Bath），他们采用了一点计谋。他们正常设计了实验，但实验是在一间有一面墙是单向镜的房间里施展。当房间里的观察者停止仔细观察时，物件确实被弯曲了。但镜子后面的研究人员拍摄的录像清楚地表明，这是由于孩子们一旦得到机会，就用双手弯曲金属件，将物件放到桌子下面使其弯曲，甚至将金属棍放到鞋底下，以使其弯曲。

巴斯实验揭露了泰勒的判断能力，同样有趣的是 1975 年詹姆斯·兰迪对他的拜访。兰迪用化名拜访了泰勒在伦敦大学的办公室，假装自己是一位记者。泰勒给兰迪展示了一根带有很多复杂弯曲痕迹的金属棍。兰迪问这种弯曲是怎么发生的，泰勒说，让受试对象（他的顶尖金属弯曲者之一）将这根金属棍带到了自己（金属弯曲者的）的房间。一段时间后，他带着弯曲的棍子回来了。这是泰勒对弯曲事件最靠近的观察过程。

最发人深省的时刻是，泰勒给兰迪展示了他用来确保孩子们将金属块带回家或带到另一个房间时无法用手弯曲的防侵扰管子。这根管子由一个透明塑料管以及两头插入的化学家常用的红色橡胶塞子构成。为了防止塞子被拔掉，还用螺丝将塞子固定在了塑料管上，螺丝头用黑蜡封住。如此，螺丝不会在不被发现的情况下被松开。

管子里是泰勒精心准备的铝条。这根铝条当时在其中一个金属弯曲者的手中，铝条不知何故发生了两次扭曲，呈现为平坦的 S 形。如果这确实是在管子内部做到的，非常令人惊叹。

为了展示自己的预防措施有多谨慎，泰勒指出，用作封条的黑蜡上刻有秘密记号。显然，记号不可能在他不知情的情况下被替换掉。这其实是个自我误导的例子，泰勒被自己欺骗了。事实证明，这个避免蜡封被替换掉的保护措施没有任何必要。

兰迪仔细查看了这根管子，他注意到，虽然其中一个塞子与塑料管的接触良好，但另一个塞子似乎偏离了位置。兰迪表面上是在关注那根弯曲的金属条，实际上却是用手隐蔽地检查塞子塞得有多紧。令他惊讶的是，塞子直接掉了出来。橡胶塞子具有的弹性使其可以在螺丝不动的情况下从螺丝上滑出。任何意图作弊的人都能直接将塞子拉出来，拿出金属条，使其弯曲后再放回去，最后再将塞子塞回。这种管子并不安全。

这里强调的不只是泰勒教授应用的控制条件有多糟糕，还暴露出他怀疑态度的缺乏。他主观上完全相信那些金属弯曲者的能力，即使他们在他视线之外做手脚，经常将管子带回家很长时间。这种情况下，金属弯曲者所面对的是非常低级的防作弊措施。

很难说清为何一位科学家会如此缺乏基本的控制意识。不可否认，泰勒是一位数学家而非实验科学家，数学家通常被看作是不谙世故的人。为了理解泰勒的失败，我们必须承认很多粉丝为了支持偶像非常善于忽视违背他们信仰的证据（最糟糕的是，从结果反向推原因）。对科学家来说，并不如此，但当研究现象在他们的专业领域之外时，也会经常发生这样的事情。

我刚收到的需要审阅的一本书中就存在一个类似的例子。这是一本关于各时代的 UFO 照片的书，附有评注，由一位 UFO 爱好者编纂。我对于 UFO 是否存在没有预先立场。从不明飞行物的意义上看，我相信它们的存在。不过，由于宇宙的巨大尺度，我也有许多怀疑思考。审阅后，我认为书中的很多评注非常幼稚。我不相信作者是想故意欺骗读者，然而，他所写的东西并无逻辑。

EXTRA SENSORY

用合理的怀疑眼光看，书中的不少照片挺假。我之前提过，我十几岁时就伪造过飞碟照片，这样做不是为了任何个人利益——我从未将其寄给报纸或以任何方式发表，只是为了好玩。我使用了两种技巧。一些是塑料模型，将其用隐蔽的钓鱼线悬挂起来，置于焦距之外，造成假象；一些是轮毂盖，将其扔至空中，在其旋转飞行时，给其拍照。

用轮毂盖拍照的问题是飞行角度很不自然。然而，我发现这本书里一张又一张"无法解释的"照片都很模糊，失焦的类轮毂盖物体，飞行的角度和我伪造照片时大为苦恼的角度相似。另外两张照片看起来就像老式的户外吊灯，吊灯上的电线要么是在镜头之外，要么是从照片上被修掉了。我们通过文字的说明才能看出这是具有 UFO 特征的飞碟。

最糟糕的是，这本书还收入了那张位于华盛顿特区国会大厦上空的一串 UFO 的"经典"照片。文字中并未提到这种照片很久之前就被解密了。然而，如果你看一下整张照片，而不是只看书里展示的裁剪过的照片（上面只显示了国会大厦的穹顶和附近的天空），事情的真相一目了然。所谓的 UFO 编队就是大厦前面电灯的镜像。它只是镜头眩光罢了，确定无疑。然而，书中对此只字未提。

人们不需要有意识的欺骗，就能通过忽视、挑选并对事实背后的现实（存在完全正常和合理的解释）视而不见来呈现貌似惊人的信息。

本章，我的目的不是为了说明所有的超自然事件都是伪造或误解。但本章的确证明了，像詹姆斯·兰迪这样的魔术师，他坚持在相信某个超精神能力现象之前必须对其施加严格的控制条件，他的做法是正确的，值得鼓励。除非我们能这样仔细地监控和预防误导、错误和欺骗手法，否则，收集到的所有信息都一文不值。

这些故事时刻提醒我们，有些人很容易实施欺骗，有些人很容易被欺骗，我们可以得出什么样的最终结论呢？它与超精神能力现象到底有什么关系？

11 超感官能力真的存在吗

在详细回顾了超精神能力研究的历史后，我们再也不能带着100%的信心判断人们是否真的观察到了真正的超感官现象。但这个问题并没有表面上那么重要，科学的真谛并不在于已证明的确定性事实。很多人对此震惊，事实上，科学从来都无法为我们提供绝对真理。甚至是貌似的硬科学"事实"（比如大爆炸理论）也只是我们对现有数据的最佳解读罢了。新的观察与实验将证实科学中某个受人珍视的理论是错误的，这种可能性一直存在着。这在过去已发生了多次，未来仍然会继续发生。

这不是坏事情，人类的科学认知就是这样演化的。但这也并不意味着会像某些人说的那样，因为"科学什么都证明不了"，所以所有的理论都应给予相同的权重。事实上，某些理论正确的可能性比其他理论高，最为公认的宇宙科学模型基于的正是我们目前最佳的猜想。直到其他能改变我们想法的数据出现之前，去考虑对数据的最佳解读理论之外的东西是愚蠢的，为什么要选择一个更不可能的选项？

从目前已完成的所有工作来看，超心理学的某些方面似乎并未经受住科学的考验。不过，我想其他方面（特别是心灵感应）仍然显示其可能具有现实基础。即使在阅读完前述章节的所有内容后，驳斥很多超精神能力现象证据的做法依然显得怪异。那么多人宣称自己体验过奇怪的事情，你自己也许就拥有过这种经历。真的存在超感官能力吗？和任何一个支持心灵能力的粉丝谈谈，他会问你：科学怎么能驳斥它？人类历史中，每一种文明里都有如此多的人拥有过如此多的类似经历。他会争辩，毕竟，无火不生烟。

不幸的是，真实世界与格言并不相同。（实际上，经常无火而生烟）那些依靠大量超精神能力现象传闻证据的人必须直面这三个潜在的问题——认知错误、记忆的本质、人们的作弊能力。这也是科学家如此警惕超精神能力事件传闻的原因——这些故事告诉我们更多的是关于人们和他们的信仰，而不是真正发生的事情。正如罗伯特·L.帕克（Robert L. Park）在他的书《巫毒科学》（*Voodoo Science*）中提到的，"数据不是传闻的堆积"。

如果我们寻找的是某些违背已知自然规律的东西（这就是超自然现象的定义），那么，我们必须衡量存在某些完全超出我们科学认知范围的事情的概率（这完全可能，但不经常发生）与某人犯错误或没说真话的概率（这种事情总是发生）孰大孰小。

讽刺的是，在检验超感官知觉时，我们又如此依赖于自己的普通感官（特别是视力），因为我们要依靠它们进行观察。这在受控的实验室测试中并非必要，但在大多数支持超精神能力存在的传闻证据中，我们依赖于某人的所见所闻（更糟糕的是，某人听说其他人的所见所闻）。不幸的是，我们的感官经常欺骗我们，且总是如此。

古希腊人对此知之甚深。他们不看重实际检测，而是基于论点之间的比较，不基于实验做决定。实际上，人们后来发现，这是极为糟糕的科学研究方式，会导致一些歪门邪说的产生——比如，亚里士多德曾称女人的牙齿比男人少。他的断言来自于自己对女人的想法，而不是试着去数一数牙齿的数量。我们需要始终警惕感官的局限。

特别是视觉，因为视觉极易被欺骗。我们前面讨论过，我们认为视觉像摄像机一样工作。而实际上，我们看到的"图像"是大脑合并不同感知模块后构建的。这意味着，当我们在不良环境下看某件事情——例如，光线很暗，或者某个人用尽浑身解数干扰我们——我们的眼睛将非常容易被欺骗。我们很容易看到并未发生的事情。

只需要看看天文学的历史，你就能认识到，看到你希望看到的而非真实存在的东西有多么容易。亚利桑那州弗拉格斯塔夫（Flagstaff）洛厄尔（Lowell）天文台的创始人珀西瓦尔·洛厄尔（Percival Lowell）是一位商人，他接受过数学教育且对天文学具有极大兴趣，花费了超过20年的时间全职追踪天文学。洛厄尔详细研究过火星的表面，他从意大利天文学家乔凡尼·斯基亚帕雷利（Giovanni Schiaparelli）的理论中获得灵感，绘制了他从火星表面看到的复杂的运河系统。这被视作火星上曾存在先进文明的显著证据。

洛厄尔曾细心记录并绘制的运河在事实上并不存在。尽管少量的地质结构可能被他误解为运河，但大部分情况下和运河没关系，他似乎并未看到运河。此外，洛厄尔认为运河可能存在的灵感来源是误译。斯基亚帕雷利写的是（天然）河槽，而不是人工建造的运河。超精神能力效应的狂热支持者可能也与洛厄尔一样，看到的往往是自己希望看到的东西，而不是他们的眼睛真实告诉他们的事实。

接下来谈谈记忆的问题。从很多方面看，作为收集科学数据的工具，记忆比基本感官更糟糕。仔细思考一下，你会发现我们的记忆如此糟糕是件奇怪的事情，因为人类自身在很大程度上就是记忆的总和。拿走记忆（就像某些退行性大脑疾病所发生的情况），这个人似乎就不是同一个人了。记忆塑造了我们以及我们对世界的认知。事实上，记忆并不准确。

我们建立记忆的方式导致这个特点无法避免。随着时间流逝，要确定某段记忆是真实存在，或者只是我们对一张照片、一段视频、一个经常谈起故事的回想，将变得越来越困难。与精心留下的科研记录不同的是，我们的记忆偏好极端情况。生活日常留不下痕迹，但极端情况会在记忆中存储——所以，我们回忆童年时期的某个漫长炎夏，只能想起少数快乐的时日。此外，我们的记忆倾向于注重较近的经历——我们在某个假期也许吃过多顿美餐，但由于最后一次用餐的服务很糟糕，会被记忆重点记住。

记忆的另一个问题是，我们通常记不起当时看到的情景，只能记起

EXTRA SENSORY

我们认为自己所看到的东西,且这种印象会通过记忆程序被转化为事实。我们知道它发生过,我们能记起来,这可能会发生在长期记忆上。人们都知道,多年过去后,记忆会变得模糊。但惊人的是,连事件刚发生之后的记忆也会出错。

你现在就可以做一个关于记忆的小实验。将本书放下,拿出便笺本、钢笔、铅笔,画一个罗马数字而非平常的阿拉伯数字的钟面。如果你的视线范围里有类似的钟面,不要去看。这不是某种花招——这里没有欺骗——只是一个用来检验记忆本质的机会。

请画完罗马数字钟面后再继续往下做。如果你懒得画完,完成前 6 个数字也足够了。如果没画完就继续往下读,你将无法完成这个实验。

看着钟面上 3(Ⅲ)和 5(Ⅴ)之间的那个数字。你画的是什么?大部分人都会画Ⅳ,这的确是罗马数字里数字 4 的最常见形式。不过,钟面上的惯例是用 IIII 代替Ⅳ。如果你有一个罗马数字的时钟或手表,很可能你在 4 点位置看到的就是 IIII。你一生都在看着用 IIII 代表 4 点钟的钟表,但它并未进入你的记忆。人们曾要求受试者在实验前看一段时间钟面,他们仍然犯了同样的错误。考虑到人类用自己的期望代替真实发生情况的强大能力,你还会过于信赖某个貌似超精神能力现象的记忆吗?

这里,再介绍一个事件发生之后记忆立即出错的例子,这个例子更有戏剧性。

1901 年 12 月 4 日,柏林大学(University of Berlin)的一节犯罪学研讨课期间发生了一件可怕的事情。在法兰兹·冯·李斯特(Franz von Liszt)讲课时,一名学生打断了他,提出了与教授不同的观点。第二名学生跳了出来,提出了深刻的不同意见,他说自己厌倦了第一名学生的论点。第一名学生勃然大怒,他推开自己的课桌,大步迈向了对手并从上衣里掏出了手枪。他们扭打着争夺手枪的控制权。突然,枪响了,第二名学生倒在了地上,也许死了。

不出所料,班上的学生吓呆了。冯·李斯特捡起那支枪,要求学生注意。他道歉道，是自己导演了这起事件，目的是做一个实验。他希望每个在场者写下自己看到的一切。还在浑身颤抖的学生们都顺从地写下了目击证词。有意思的事情出现了，学生们各自的目击版本出现了巨大差异。这可不是遥远的记忆，发生的事情也不是平常小事。他们回忆的只是几分钟前发生的惊人事件。

例如，比较这些不同的报告发现，就谁开启战端的问题，学生们给出了8个不同的名字。在不同观察者叙述的内容中，事件发生的时间跨度、事情发生的顺序，以及冯·李斯特通过解释结束整个事件的方式，都出现了巨大差异。一些人相信那个枪手从讲堂里跑了出去，实际上并不是这样——他留了下来，就站在尸体旁。

冯·李斯特希望表达的观点（他成功了，效果远超期望）证明了目击者在法庭作证时具有不可靠性。考虑到这个明显的案例以及自此之后其他相似的心理学实验，今天的我们在庭审时仍然如此信任目击证据，真是奇怪。目击者极不善于保证事件的真实性，他们在法庭上不值得绝对信任。有趣的是，冯·李斯特发现，报告的精确程度在描述最戏剧化的事件时最差——例如涉及枪击的事件。似乎正是这种事件的意外本质使我们特别不擅长准确回忆当时的经过。

那些回忆自己看到过类似弯曲勺子那样惊人事件的人的情况与之相似，他们相信自己目击过的戏剧化事件。很多可靠的证据告诉我们，如果人们的证词是唯一信息源，不能轻易相信他们"亲眼看到的事情"。例如，如果没有可靠的视频证据，这种回忆的价值不大。

我们回忆自己所见情形的能力有多糟糕？位于香槟乌尔班纳（Champaign Urbana）的伊利诺伊大学（University of Illinois）的丹·西蒙斯（Dan Simons）教授做的研究极好地展示了这一点。如果你不知道他的研究，那么在继续往下读之前，可以试试这个实验。访问"www.universeinsideyou.com"网站，点击"Experiments"，接着点击"Experiment 9 – Counting the Passes"，按照屏幕上的说明执行。

如果你想尝试这个实验，不要往下读了，否则你会被剧透。

EXTRA SENSORY

　　这里发生的不同寻常的事情是,至少一半做过这个实验的人都不能精确复述自己看到的东西。他们被要求做的事情不过就是看一段短视频,然而,他们会忘掉大部分的经过。只关注事情的一个方面,就非常容易忘掉其他非常戏剧化的事情。在视频中,一些学生正在打篮球,观看者被要求计数穿某个颜色衣服的球员之间传了多少次球。之后,观看者被要求报告他们在视频中看到的任何奇怪的事情。

　　大约一半观看了视频的人看不到某个穿着大猩猩外套的人出现在屏幕里——实际上,他在画面中捶打着胸口,然后走开。注意到这件事发生时还发生过其他事件的人更少。大猩猩可不是屏幕角落里的小事件。它非常明显,且占据了中心位置。如果错过这么戏剧化的事情如此可能(我一次又一次地看到),那么,目击者在受到强力误导时搞错事情经过将不足为奇。他们相信自己在超精神能力展示时看到了一些与现实不同的东西。

　　有一项关于事件后记忆的研究特别有意思,该研究专门关注不同的人对貌似的超精神能力现象会产生何种反应。该研究使用了魔术花招复制流行的特异功能效应(比如弯曲钥匙)。然后,实验人员测试了一群观察者对自己所见现象的回忆。其中一些人对超精神能力持怀疑态度,另一些人则相信通灵现象真实存在。

　　这两种人报告的目击内容存在显著差异。怀疑者将自己所见的现象评估为超自然现象的可能性更小——在这种情况下并不令人惊讶。特别有趣的是,相信者组的成员在报告自己所见时,犯错或忽略某些内容的可能性明显更大。当涉及有助于作弊的信息时,尤其如此。例如,相信者组的成员不会注意到钥匙在被弯曲前曾短暂脱离了视线。没有证据表明他们有意忽略了事实——相反,是他们的大脑自动删去了他们不希望看到的东西。

　　第二个实验甚至更显著,参与者目击了两次基于猜纸牌的 ESP 测试,测试的形式与莱因的实验相似。在第一次测试中,参与者不知道的是,纸牌上做了标记,猜牌者可以靠此作弊。他们5张猜中了3张,而不是齐讷纸牌随机概率期望值的 5 张猜中 1 张。第二次测试没有作弊行为，结果正如随机概率。

观看测试的参与者中，既有怀疑者也有相信者。怀疑超精神能力的人虽然对第一次测试中看到的东西感到不自在，但还是如实报告了所见情形。超自然现象支持者的很多人报告两次测试都取得了成功。他们记住了自己希望记住的东西，剩下的则被彻底擦除了。这种回忆效应对记录糟糕的科学测试应该影响不大，但它会使很多传闻证据有待商榷。就这个问题，我们回忆整理，多年来人们进行的很多测试（包括莱因研究的早期部分）的测试结果皆为测试后一段时间才被记录，记忆偏倚的可能性不能排除。

以上两个比较怀疑者与相信者的实验获得的结果是，相信者记住自己所见内容的方式加强了自己的信仰，他们看到的是自己希望看到的东西。同样的效应也可能导致怀疑者错失真正的事件，因为他们不相信一些事情可能会发生（其实，他们也是相信者，他们相信一些事情不可能发生）。但在实际上，在典型的超精神能力实验中，最大的危险还是那些希望实验获得成功的人（通常是实验人员）更可能错失实际情况的关键部分。

所有这些情况完全是在无意识情况下发生的，人们并无任何主观欺骗的目的。当然，欺骗总是存在的。我们已经见过，这也是如此多的杰出科学家被伪造的超精神能力现象愚弄的原因。实际上，并非每位涉及超心理学的科学家都是好的科学家。其中一些人声名狼藉，随意让自己的信仰歪曲了自己的研究，使研究失去了价值。其他一些科学家，特别是那些从像物理学这样的学科转至超心理学的科学家，带着真实测试的目的而来，但他们仍然很容易被骗子们愚弄。

正如像詹姆斯·兰迪和达伦·布朗这样的舞台魔术师指出的，显然，欺骗物理学家的眼睛比欺骗魔术师更容易。物理学家喜欢用物质材料做实验，因为物质不会别有用心。如果你研究的是光子，它也许会以怪异的量子方式运动，但它不会试图愚弄你。而谈到舞台专业人士采用的技术，科学家被愚弄则不足为奇，即使是那些认为自己能掌控一切事态的科学家。

在调查超精神能力现象的证据时，令人惊讶的是，仍然有很多研究引用了莱因在20世纪30年代所作的研究，或认为乌里·盖勒在20世纪70年代在SRI接受的研究可能是真实的。

其中的一个原因可能是，近年来，大部分试图确定心灵感应、遥视或心灵致动的控制良好的科学研究只获得了阴性结果或依靠的是非常微小的统计学效应。我们需要追溯到更早的研究，以找到稳定、庞大的阳性结果。

在撰写关于物理学的文章时，我会频繁引用20世纪30年代的物理学家的研究，既为了填充科学史的必要部分，也因为这个时期有一些重要理论经受住了时间的考验。但是，如果自此之后再未出现可靠的实验证据帮助人们捋清当时尚不确定的知识，那就非比寻常了——我们期望现在看到更清楚的结果，而不是更少。

我们已经介绍过，人们不能提供超精神能力的清晰证据的部分原因是，要设计一个免于作弊行为的实验实在太难。不是不可能，但绝对超过很多实施ESP实验的人的能力（我想起了莱因）。

不仅需要防止被测试的人作弊，还要从实验设计上尽量减少实验人员作弊的可能性。

我们在莱因实验室那个通灵鸡蛋实验中看到过这样的情况，而人们对莱因的英国同行S. G. 索尔（S. G. Soal）的资料所做的一些杰出的调查工作再次彰显了这种需要。在开始研究的最初几年，索尔未发现任何值得报道的结果，他未发现有人拥有超精神能力。但在对一位自称灵媒的巴兹尔·沙克尔顿（Basil Shackleton）的长时间研究中，索尔似乎发现了心灵感应能力的确凿证据。索尔的实验很像普拉特-伍德拉夫实验的改进版，只是两个参与者位于不同的房间并接受了监控，以防止作弊。这次实验似乎真的实现了完美控制，即使经历了多年的分析，也很难看出沙克尔顿是否存在作弊。但出乎意料的是，几十年后，一位数学家成功证明了索尔自己窜改了实验结果。

索尔没有靠洗牌这种不规范的随机化方法，而是利用短提示语（类似于"取第 100 个数值的第 8 个数字"）从一个对数表中抽取接近随机化的数字，来产生一组可接受的无偏倚数字。但是，统计学家贝蒂·马克威克（Betty Markwick）成功逆向计算出了索尔的选择方法，并重现了最初的随机数字列表。她发现，每猜测几次就会在序列中留下空白。这些空白与猜对轮次匹配的频率太高，不可能是巧合，索尔似乎是在实验之后将一些成功的猜测填补了进来。

如果我们因此无法信任任何做实验的科学家，事情将变得可怕。原则上，任何科学家都能篡改自己的实验结果，也的确有不少科学家被抓了现形。相比较，这种诱惑在超心理学领域中似乎更强，故而实验设计中尽力减少实验人员作弊的机会并确保成功实验可重复非常关键（不同的研究者可以获得相同结果）。

再次，我们看到了在大学进行的受控超精神能力实验里，单打独斗的科学家（特别是非心理学家的科学家）非常不适合于这种研究，因为他们还不能胜任严密控制条件的设置。无论别人告诉他们多少次，他们似乎都不能理解自己的研究对象可能存在欺骗。

或许，这种情况的极端例子是阿尔法实验（Alpha Experiment）。该实验进行了两年时间，始于 1979 年，地点位于密苏里州（Missouri）的圣路易斯的华盛顿大学。当时，航天巨头麦道公司（McDonnell Douglas）主席詹姆斯·麦克唐纳（James S. McDonnell）用 500 000 美元资助建立了一个实验室。彼得·菲利普斯（Peter Philips）领导着这个团队。彼得是一位物理学家，像之前的几位同行一样，他也认为弯曲勺子的年轻人值得研究。

这个实验能成为反面教材的原因得益于詹姆斯·兰迪的贡献。这位魔术师及超精神能力的主要怀疑者不但为实验人员提供了识别欺骗的服务，还提供了一套将欺骗减少到最低程度的流程。但他的服务和流程都被人视而不见。这对实验人员来说颇为不幸，因为兰迪接下来安排了两

EXTRA SENSORY

位青少年业余魔术师申请成为了受试对象。他们表现出来的伪超能力远超其他申请者，所以这两位卧底迈克尔·爱德华兹（Michael Edwards）和史蒂夫·肖（Steve Shaw）被选为了实验的主要受试对象。

尽管兰迪告诉他们，如被实验人员抓住了就坦白，但两人成功经过了一次又一次测试，并让菲利普斯和他的团队惊叹。虽然兰迪给菲利普斯提供了合理的建议，但菲利普斯还是忽视了最基本的控制条件。例如，两位卧底被提供了一堆经过预先检测的勺子。每一把勺子都被仔细标记过，然而，经过两个男孩的小小操纵后，一些勺子发生了弯曲。

尽管在可能的情况下，可以用手在桌底实施某些经典的弯曲勺子动作，但这次实验的控制条件实在糟糕，以至于男孩们无须操纵勺子就能伪造出效果。勺子上的标签是纸质的，一圈绳子将标签系在勺子上。两个男孩从几把勺子上取下了标签，他们说有必要这么做，因为标签阻碍了他们的专注力。接着，他们做出了尝试弯曲勺子的举动，并替换了标签。事实上，他们只需将两把勺子上的标签交换，就都发生改变——以形状作比较，没有两把勺子是完全相同的。这种弯曲勺子效应甚至不需人力参与。

后来，研究人员像莱因很久前做的那样辩称，早期"探索性"实验的控制条件很宽松，是为了体会一下可能的情况。此后的正式实验已得到了较好的改善，控制条件变得越来越严格。确实如此，阿尔法项目后期的实验的确设置了更严格的控制条件，产生的结果也越来越少。

这条辩护理由存在两个问题。第一个问题，除非探索性实验（非正式实验）的结果遭到完全抛弃且不能得到任何形式的报道，否则，它的结果就是确认实验发现了真实的超能力。如果探索性实验真有必要进行，结果不应该被发表，实验人员只能提到进行了这些实验。巨大的风险是，早期控制宽松的实验会让实验人员相信自己看到了真实情况。这会给我们建立强大的信念，且很难摆脱。当后来出现与此相违背的证据时，人们通常倾向于找出合理理由去否认这些证据，以免抵触了自己的信念。归根结底，科学家也是人，也会受累于人类行为的非理性一面。

11 超感官能力真的存在吗

第二个问题，探索性实验的数据会泄露到正式实验。如果探索性实验的结果是阳性，那么，研究者会较容易地将其纳入正式结果中。在某些实验里，试图在事后区分探索性实验和正式实验的边界，将非常困难。

菲利普斯实验并不是唯一为了排除阴性结果而在事后采取合理化操作的实验——实际上，这在超精神能力研究中很常见。在 ESP 研究文献中遍布着各种借口，这些借口全是为了说明实验为什么会失败所以结果不应上报。

这里，我简要谈一谈这个问题，以引出适宜的结论，因为这些借口会不可避免地出现在超精神能力实验的报告中。

首先是绵羊和山羊效应。这种效应认为超精神能力作为一种灵敏的大脑活动，可以被在场者的精神状态影响。如果旁观者是怀疑者（山羊），他们往往会抑制被测者的能力，而相信者（绵羊）则有助于能力的顺利施展。当然，这意味着绵阳和山羊效应的支持者会很高兴将任何想尽办法公开质疑的人涉及的展示排除在外。

这似乎是最糟糕的一种合理化。更合理的结论是：超精神能力会在像詹姆斯·兰迪这样的人在场时消失，是因为作弊的受试对象知道自己可能会被某个具有魔术师技能的人抓住现形。当然，如果一个正接受超精神能力测试的人因为不相信自己的能力而表现糟糕也完全可能发生——皮格马利翁效应（Pygmalion Effect）。如果我们相信自己擅长做某事，通常会表现得更好，这在人类的很多行为中得到过证实。但认为非信者在场会阻止实验成功，则通常是借口。有趣的是，那些因为兰迪在场而忘记自己能力的人们通常试图排除兰迪的存在。

其次是超精神能力实验者效应。这里的意思是，对于基本的物理学实验，我们预期任何同行科学家都能得到相同的结果；但对于超心理学实验，某些科学家无法重复阳性结果，因为他们"把厄运带给了"这个实验。不过，更可能的似乎是，这种无法重复的情况（至少是普遍情况）反映了原实验的问题，而不是后来实验者的问题。

EXTRA SENSORY

当然，在任何实验中都可能出现无法重复的情况，最有名的是物理学家沃尔夫冈·泡利（Wolfgang Pauli）。他曾以走进房间就能让实验出错而闻名，但这是科学家的幽默而非真正的效应。经过足够数量的实验和适宜的重复后，这个问题将不复存在。似乎没有理由认为超精神能力实验者效应具有任何合理性。最极端的情况，它完全消解了实验的意义，因为阳性结果被当作了超精神能力存在的证明，阴性结果被视为体现了实验者对受试对象的超精神能力的抑制。这样实验就得不到任何证据，因为无论你怎么做都会确定超精神能力的存在。超精神能力实验者效应从概念上来说似乎为整个过程增加了一层不可接受的复杂性。

超精神能力支持者们会告诉你，他们的实验不稳定和不可预测的本质以及重复 ESP 效应的困难恰恰反映了该现象的人性一面——但更可能的是其反映了这些实验什么都没有发现。偶尔能得到不可预测的阳性结果完全就是随机巧合的反映，不需要用超精神能力进行解释。我应该强调的是，我没有摒弃超精神能力，我只是在说从某些实验中得到的某种特定证据强烈提示，在这些测试中发挥作用的不过只是随机概率而已。

总的来说，科学家在实验中做的就是检验假说——在 ESP 实验中，他们想确定某个个体能否用意念传递某信息。因为他们使用的统计学方法，一个超精神能力测试将坏结果转变为貌似好的结果通常是可能做到的。例如，假设某人预测了一系列的掷骰子结果，就像我在前文中提过的，我们假设这个结果更长，比如 1 000 次抛掷。

平均而言，如果没有特殊能力，我们预期自己能猜对大约 500 次。如果有人猜对了 600 次，我们确有必要怀疑是否存在一些东西起了作用，无论是遥视、欺骗，还是硬币不够平衡。不过，如果他只猜对了 400 次呢？在统计学上，猜对 400 次与猜对 600 次的概率相同。在任何其他类型的实验中，像这么大的失败都会被直接当作阴性结果，但很多超精神能力研究者却会将其视为一件好事而描述为"超精神能力错失事件"。

超精神能力错失的意思是，既然猜对 400 次与猜对 600 次的结果一样不可能,那么,它们也许具有相同的某个原因,或许是受试对象的意念力使遥视(或心灵感应,或预知,取决于受试对象接受的测试类型)给出了错误的数值而非正确的结果。这是一个薄弱的观点。毕竟,某人的心灵能力会产生与预期相反的效应,很令人费解。似乎更可能的是,超精神能力错失反映的是实验中使用的统计学分析方法不可接受。

将超精神能力错失事件引入评估中带来的一个特别讨厌的方面是,它会使将随机波动算作真实事件的可能性翻倍。如同我的掷骰子实验,我们寻找的是猜对超过 550 次正面的效应,在足够次数的实验后,会发生特定数量的偶然事件。假设硬币绝对标准,那么,猜对次数低于 450 次的事件的数量也应相同,这在正常实验中会直接被算作失败。如果你允许超精神能力错失事件,那么,这种事件也将变为成功,使得在一系列实验过后表面上(不是真实的)的成功次数翻倍了。超精神能力错失事件改变了条件,它不应被允许当作检测 ESP 的合理指标。

在这些例子中,某些超精神能力研究者将这种手段应用到了实验中,试图将本应被视为失败的结果伪装为发现了超精神能力——无效假设。在科学界,无效假设的价值在于帮你找到你所寻求的目标,但作为人类,我们会对失败感到失望。如果我们理性、客观地看待实验成功的标准,那么,我们需要将这些研究者从希望和梦想中温柔地唤醒,给他们留下我们可以用得上的最佳事实。

在我们的发现之旅的终点,我想说,超精神能力的某些方面已被证据排除,似乎无须进一步的研究,就像我们无需再研究罗杰·培根的鸡身蛇尾怪是否还活跃在地球某个人迹罕至的角落。心灵致动,特别是弯曲勺子的能力,似乎没什么可取之处。披上预知外套的占卜能力存在严重的物理学问题(涉及因果关系)——我们虽然可以将提前波拿出作为解释机制,但很难看出下一步的研究,除非能出现某些更具体的东西。贝姆和雷丁获得的实验结果很有意思,需要进一步调查,但它提示我们需要更进一步了解随机性和统计学,而不是心灵致动。

在得出这种论断后,花费了大量时间评估超精神能力行为的超心理学家们会不可避免地为自己辩解。例如，瑞典哥特堡大学（University of Gothenburg）的心理学讲师阿德里安·帕克（Adrian Parker）说，"这仍然意味着，在被吊死或等待被吊死之前，被告人理所应当会受到公正的审判。"他说，"很多心理学家摒弃超精神能力存在的可能性令人沮丧，但这种事很平常。"

在某种程度上，帕克是对的。科学中的很多领域都会有某个团体怀疑其他团队工作的价值。你只需看看物理学中那些终身研究弦理论的科学家，以及那些认为弦理论根本不是科学（或者，用某个著名物理学家的话说，"甚至，谈不上错误"）的人之间的彼此攻讦。不过，帕克并未能说服我。他将对超精神能力再平常不过的摒弃比作"就像专家们对催眠和做梦的本质仍未达成共识"。他以此推出结论，认为我们应对超心理学做出善意的解释。我们对此稍作剖析。

没人怀疑梦的存在——唯一的争论是，大脑在做梦时到底发生了什么，以及为何会发生。催眠与做梦稍有不同。令人惊讶的是，很多专业人员的确从本质上怀疑催眠的存在，但他们并不怀疑有很多实例清楚地证明人们能对暗示产生反应，且认为解释这种暗示反应不需要特别的原因。研究超心理学需要克服的障碍显然更大，很多专业人士怀疑它的真实性，从而提出他们的同行或是在统计学误差、随机和欺骗里构建幻想。事实上，我们必须勇敢地严肃对待这些现象，比如弯曲勺子和占卜。经过多年的实验，我们似乎仍未找到它们的任何现实基础。

现在剩下的只有心灵感应以及遥视的某些方面，它们似乎具有值得进一步研究的优点。心灵感应，似乎最可能拥有可信的物理学解释，且在关于个体之间的关系或交流的紧迫性对其的影响方面也有待全面探索。当然，这并不能使之为真，但的确提示它值得进一步研究。遥视，最大的担忧在于它从未在英国的实验中被验证。甚至，一些研究者用其当玩笑，"千里眼在英国用不了"。

我希望我能用一个斩钉截铁的论断结束本书涉及的所有话题。无疑，超精神能力科学研究的糟糕质量是它的最大瑕疵。这源自两个主要问题，两者或其中任意一个都曾出现在大部分的 ESP 研究中。第一个问题，从最早的 19 世纪通灵研究至 20 世纪 70 年代后期的研究，糟糕的控制条件一直是常态。你只需回顾一下乌里·盖勒的实验，就能发现这不只是维多利亚时代的问题，事实上，大部分的数据都因此而丧失说服力。

第二个问题，人们太过看重偏离随机概率期望值的微小差异，太过依赖对数据的统计学解读。此问题始于莱因实验，时至今日变得越来越严重。我们见过的最极端的是 PEAR 例子，他们寻找的所有结果都是电子设备读数的微小波动。这种倾向并未抓住超精神能力研究的要领，因为实验室研究脱离了研究的初心。就好比，你试图通过寻找计算机神经元模型上的电信号异常去理解大象。

研究者似乎忘记了，他们试图确认的是数百年传闻证据的真实性。我在第 3 章开篇提到自己在一个偏远苏格兰小岛上曾亲身经历了心灵感应。像这样的故事的背后，是否真有什么东西存在？如果我们希望有所收获，实验者应重点关注真实超精神能力现象的受控条件，而非寻找统计学上的细微差异。在我的经历中，那个我似乎与之通过心灵感应进行交流的人的思维模式中的确未出现模糊的量子跃迁，他接收到了我在脑海中无声呼喊的具体语句。真实世界的 ESP 与微小的统计学变异无关，它是清晰而具体的交流。

所以，如果你想检测心灵致动，不要试着去寻找电子设备输出结果偏离期望概率的微小差异，这不是心灵致动。你应该设置一个实验，使某人在你的实验中只能依靠心灵致动去移动某个物理实体。不过，心灵致动不可能影响掷骰子的结果。影响掷骰子是个疯狂的概念，部分原因是重新引入了我们试图避免的统计学因素，部分原因是它实在难以想象——你即便能用意念影响骰子的滚动，也不能通过心灵致动知道骰子的哪个面在停止时朝上。事实上，我们在脑海中操作物理学的能力还远远不够。

相反，心灵致动实验应该设计一个物体，仔细将其与常规物理力隔

EXTRA SENSORY

离（比如空气运动和振动）。在这样的条件下，此物体只能依靠意念才能移动。50 年前，这样做是困难的，但今天的我们有了大量方法能将检测设备与外部力隔开。像激光干涉引力波天文台（简称 LIGO）拥有的检测引力波的装置就擅长消除其他输入。你只需使用相似的设置（比 LIGO 实验装置小很多，LIGO 实验装置有几千米长），让受试对象必须移动某个极轻的物体，干扰某个极敏感的电子天平，或者在没有任何物理接触的情况下在某个运动感受器上施加压力。这才是真正的研究心灵致动的实验，而 PEAR 将大部分时间浪费在了电子波动上。

与此相似，对于千里眼或遥视能力，请忘记依靠评委打分的对地点的模糊描述（这可不是灵媒选秀节目，这是科学）。从一本随机选择的书中随机选择的段落里随机选择一个句子，让其在隐藏的电脑屏幕上显示。我们要求无法看到屏幕的实验对象将这句话写下来。如果她的记录准确，表示猜中；反之，则不是。这只是一个简单的二元判断，要么猜对，要么猜错。

当然，这里也存在潜在的缺点——例如，无论任何语言，一定会存在某些词语比其他词语更常见。但实际上，待选择的样本数非常巨大（例如，想象一下，从谷歌图书里的所有书中所有语句中选择），以至于经过长久测试后，这个问题会不攻自破。当然，此问题也有其他解决办法——可选择用受试对象不认识的语言写的书，绕过此问题。如此，她不会有预先期望的任何特定词语。记住，猜出某个句子里有"the"或"a"并不够好。在我们预想的实验中，打分不依靠部分句子，而是"是与否"——要么，你猜对整个句子；要么，完全失败（不接受模糊成功）。

相似的方法也能用在心灵感应上，虽然你也许要求诸大量手段才能绕开莱因的担心（我们认为是心灵感应的能力，实际上是千里眼）。一种做法是，最初就确定千里眼的水平，而后寻求超过该水平的额外成功次数。更重要的做法是，尝试复制出有助于心灵感应的显要条件：参与者之间的亲密度和交流的紧迫性。

也许，这些要素看起来很难整合，但就像达里安·贝姆的实验一样，通过修改经典的心理学研究是可能做到的。耶鲁大学的斯坦利·米尔格拉姆（Stanley Milgram）在20世纪60年代早期实施的实验，就是良好的例子。实验中，米尔格拉姆的实验对象被要求电击玻璃屏后面的另一个人。在实验人员的压力下，受试对象施加了越来越大的电击，直到达到致命水平为止。实际上，根本没有电击，玻璃屏后的人只是实验的一部分，假装自己遭受了电击。

在这个模拟纳粹行为的战争实验中，米尔格拉姆的目的是探明个体在命令指使下会在多大程度上打破可接受的道德界限。不过，在该实验的基础上，很容易构想出一种改良版本，专门测试紧迫压力下的心灵感应。在这个版本中，玻璃后的那个人被要求在无提示的情况下在电脑上输入一个词语。如果他的输入正确，将能获得奖励；如果他输入错误，会受到逐渐增强的电击。真正的受试对象坐在玻璃的另一边，会提前知道随机选择的词语，并尝试用心灵感应为受害者提供这个词语。

就像米尔格拉姆的实验，实验并不需要真正的电击。但受试对象并不知情，他会处于必须用意念将词语传递给对方的极端压力之下，因为他看到对方承受的痛苦越来越大。虽然无法完全证明两者之间的区别，但该测试检测的能力倾向于心灵感应而非遥视，因为只有发送者才感受到了压力。

像这样的测试具有可行性，但直到今天，就我所知，尚无人正式实施过。有时，研究者似乎对能确保自己职业生涯延续的研究比获得确定性结果的研究更感兴趣。某些实验的设计提示，科学家担心确定性的实验会终止他们的研究，故而他们宁愿去做大量的非确定性实验。如此，他们可以不停地发表论文。

听上去，这非常讽刺，但我们必须记住，科学家与其他人一样也有功利心。历史上，此类证据比比皆是。我们有时会卡在错误理论上很长时间，原因之一往往是研究者惧怕自己几十年的工作一文不值。

对于某些超精神能力现象，可能存在潜在合理（只是科学上的细节还有待丰富）的解释机制，某些证据还未被证实没有价值。所以，对于那些希望某些超能力存在的人来说，希望尚存。

就我而言，我对此持开放心态，同时诚挚祝愿 ESP 确实存在。但限于今日的研究，我不得不得出结论：除了巧合、实验设计所造成的人为假象和误解之外，今天已有的实验尚不能对此证实。

是时候关闭现今形式的超心理学研究了，研究者们应咬紧牙关去探求真正的东西。

在《超感官》一书中，作者细数了历史上的对超能力研究的实验。同时，也陈述了自己亲历的心灵感应体验。

作为科学家、物理学家，作者客观地告诉我们，曾经的人们对超能力的研究的确存在疏漏和人为操纵，如糟糕的控制条件、统计学上微小的期望偏差。这些曾经的证据不能用于超能力存在的有效证据。同时，作者告诉我们，这同样不能证明超能力不存在——相比心灵致动，心灵感应和千里眼更有可能存在物理学解释机制。

我们要做的是，遵从科学的方式，更客观地探求它们存在的证据。

布莱恩·克莱格（Brian Clegg），英国理论物理学家，畅销书科普作家。克莱格曾在牛津大学研习物理，一生致力于将宇宙中最奇特领域的研究介绍给大众读者。他是英国大众科学网站的编辑和英国皇家艺术学会会员。著有科普畅销书《量子时代》《量子纠缠》《科学大浩劫》《如何构造时间机器》《十大物理学家》《宇宙相对论》等。

他和妻子及两个孩子现居英格兰的威尔特郡。

果壳书斋　　科学可以这样看丛书（39本）

门外汉都能读懂的世界科学名著。在学者的陪同下，作一次奇妙的科学之旅。他们的见解可将我们的想象力推向极限！

序号	书名	作者	价格
1	平行宇宙（新版）	〔美〕加来道雄	43.80元
2	超空间	〔美〕加来道雄	59.80元
3	物理学的未来	〔美〕加来道雄	53.80元
4	心灵的未来	〔美〕加来道雄	48.80元
5	超弦论	〔美〕加来道雄	39.80元
6	量子时代	〔英〕布莱恩·克莱格	45.80元
7	十大物理学家	〔英〕布莱恩·克莱格	39.80元
8	构造时间机器	〔英〕布莱恩·克莱格	39.80元
9	科学大浩劫	〔英〕布莱恩·克莱格	45.00元
10	超感官	〔英〕布莱恩·克莱格	45.00元
11	量子宇宙	〔英〕布莱恩·考克斯等	32.80元
12	生物中心主义	〔美〕罗伯特·兰札等	32.80元
13	终极理论（第二版）	〔加〕马克·麦卡琴	57.80元
14	遗传的革命	〔英〕内莎·凯里	39.80元
15	垃圾DNA	〔英〕内莎·凯里	39.80元
16	量子理论	〔英〕曼吉特·库马尔	55.80元
17	达尔文的黑匣子	〔美〕迈克尔·J.贝希	42.80元
18	行走零度（修订版）	〔美〕切特·雷莫	32.80元
19	领悟我们的宇宙（彩版）	〔美〕斯泰茜·帕伦等	168.00元
20	达尔文的疑问	〔美〕斯蒂芬·迈耶	59.80元
21	物种之神	〔南非〕迈克尔·特林格	59.80元
22	失落的非洲寺庙（彩版）	〔南非〕迈克尔·特林格	88.00元
23	抑癌基因	〔英〕休·阿姆斯特朗	39.80元
24	暴力解剖	〔英〕阿德里安·雷恩	68.80元
25	奇异宇宙与时间现实	〔美〕李·斯莫林等	59.80元
26	机器消灭秘密	〔美〕安迪·格林伯格	49.80元
27	量子创造力	〔美〕阿米特·哥斯瓦米	39.80元
28	宇宙探索	〔美〕尼尔·德格拉斯·泰森	45.00元
29	不确定的边缘	〔英〕迈克尔·布鲁克斯	42.80元
30	自由基	〔英〕迈克尔·布鲁克斯	42.80元
31	未来科技的13个密码	〔英〕迈克尔·布鲁克斯	45.80元
32	阿尔茨海默症有救了	〔美〕玛丽·T.纽波特	65.80元
33	宇宙相对论	〔英〕布莱恩·克莱格	预估42.80元
34	宇宙方程	〔美〕加来道雄	预估45.80元
35	血液礼赞	〔英〕罗丝·乔治	预估49.80元
36	语言、认知和人体本性	〔美〕史蒂芬·平克	预估88.80元
37	修改基因	〔英〕内莎·凯里	预估42.80元
38	麦克斯韦妖	〔英〕布莱恩·克莱格	预估42.80元
39	生命新构件	贾乙	预估42.80元

欢迎加入平行宇宙读者群·果壳书斋QQ:484863244
邮购：重庆出版社天猫旗舰店、渝书坊微商城。
各地书店、网上书店有售。

扫描二维码
可直接购买